中华饮食
文化丛书

徽菜

新东方烹饪教育　组编

中国人民大学出版社
·北京·

图书在版编目（CIP）数据

徽菜 / 新东方烹饪教育组编． -- 北京 ：中国人民大学出版社，2025. 6. --ISBN 978-7-300-33746-3
Ⅰ. TS972.182.54
中国国家版本馆 CIP 数据核字第 2025QW0470 号

中华饮食文化丛书
徽菜
新东方烹饪教育　组编
Huicai

出版发行	中国人民大学出版社		
社　　址	北京中关村大街 31 号	邮政编码	100080
电　　话	010－62511242（总编室）		010－62511770（质管部）
	010－82501766（邮购部）		010－62514148（门市部）
	010－62511173（发行公司）		010－62515275（盗版举报）
网　　址	http://www.crup.com.cn		
经　　销	新华书店		
印　　刷	北京瑞禾彩色印刷有限公司		
开　　本	787 mm × 1092 mm　1/16	版　　次	2025 年 6 月第 1 版
印　　张	14	印　　次	2025 年 6 月第 1 次印刷
字　　数	230 000	定　　价	52.00 元

编写委员会

前言

徽
HUICAI
菜

PREFACE

烹饪是人类提高生活质量、提升生命质量的重要手段之一。《尚书》云：“八政：一曰食”；《诗经》云：“民之质矣，日用饮食”；俗语云：“民以食为天，食以味为先”。由此可见，烹饪对于民生和社会发展至关重要。人们利用各地独特的自然和社会环境使饭桌上的菜肴各具地域之味，并对其精益求精，再加之其他的因素，从而有了我们今天的中国传统八大菜系。

作为八大菜系之一的徽菜也是这样产生的。徽菜菜系又称“徽帮”“安徽风味”，是由安徽省内的皖南、沿江、合肥、淮南、皖北等区域的地方菜肴组成的一种既有个性又有共性的中国地方风味。其总体风格是：清雅纯朴、原汁原味、酥嫩香鲜、浓淡适宜，选料严谨、火功独到、讲究食补、注意本味、菜式多样、南北咸宜。它的形成发展是和安徽的地理环境、经济物产、风俗习惯密切相关的。

本书由徽菜行业大师和新东方烹饪教育一线教师通力协作编撰。书中收集了凉菜、传统经典菜、代表名菜、酒店流行菜四大类，囊括了皖南风味、沿江风味、合肥风味、淮南风味、皖北风味，向广

大读者展示了徽菜的丰富内涵和独特魅力。我们希望您能从中了解徽菜的历史渊源、文化背景以及烹饪技艺，品味那些色、香、味俱全的徽菜佳肴。同时，我们也希望这本书能够激发您对徽菜的热爱和好奇心，让您在品尝徽菜的过程中感受到生活的美好滋味。

让我们一起翻开这本书，踏上这场美食的奇妙之旅。让我们在字里行间探寻徽菜的秘密，领略其无穷魅力。愿您在这段旅程中收获满满的美食体验和心灵享受！

目录

徽菜
HUICAI

CONTENTS

代表名菜

酒店流行菜

话说徽菜

一、徽菜的发展

徽菜是安徽省菜系的简称，中国八大菜系之一。安徽境内长江、淮河横贯全省，支流与湖泊交织，独特的地理区位孕育了源远流长、历史悠久、地域特色鲜明的安徽美食文化。它以古徽州菜为代表，由皖南、沿江、合肥、淮南、皖北五大区域风味构成，具有深厚的文化底蕴，是中国饮食文化宝库中的一颗璀璨明珠。

徽菜的形成，与特定的自然环境、文化背景以及社会历史状况有密切的关系。古徽州地处皖南山区，山多地少。旖旎的山水风光孕育了丰富的物产，丰富的山区土特产为徽商、徽菜的兴盛造就了天然的物质基础。古朴的徽菜，历史悠久、源远流长。

早在春秋战国时期，思想家老子[苦县（今安徽涡阳）人]就以烹饪的道理来阐述治国的方略，认为“治大国若烹小鲜”。

政治家管仲（颍上（今安徽颍上县）人）强调“民以食为天”，把“食文化”作为关系国计民生的大事来看待。

老子的“五味令人口爽”及管仲的“淡也者，五味之中也”等观点对现代烹饪理论及科学饮食味型的发展仍具有指导意义。

西汉时淮南王刘安在淮南八公山发明了豆腐，唐代鉴真大和尚东渡传入日本，宋时传入朝鲜，19 世纪传入世界各地。直到现在日本豆腐制品包装上仍有“唐传豆腐干，淮南堂制”的文字。豆腐的发明是中国烹饪史上的重大事件，是安徽对全世界的一项伟大贡献。

相传曹操曾设“求贤宴”，强调突出宴席主题与环境氛围的渲染，成为中国宴席设计的基本指导思想，在安徽烹饪史上留下了光辉的篇章。曹操撰写的《四时食制》对今天的食疗理论及其应用都产生了极大的影响。

魏晋时期养生大家嵇康［谯国铚县（今安徽宿州）人］所撰写的《养生论》，是我国现存古代文献中最早的养生学专著，至今在中国养生学史上仍占有极其重要的地位。

北宋时寿县的一种酥点受到开国皇帝赵匡胤的赞赏后即成为闻名中外的“大救驾”。宋代梅尧臣写的“沙水马蹄鳖，雪天牛尾狸”诗句广为流传。据《徽州府志》记载，在南宋年间用皖南山区特产沙地马蹄鳖做的菜已是徽味代表。马蹄鳖是一种生长在山间的甲鱼，腹色青白，肉嫩胶浓，食之无泥腥味，正如当地一首民谣中所形容的：“水清见沙底，腹白无淤泥，肉厚背隆起，大小似马蹄”。

明清时期，安徽饮食文化发展更快。富有地域和人文色彩的徽菜以独特的风味盛行大江南北。安徽桐城人张英撰写的《饭有十二合说》全面阐述了饮食理论，可称为徽菜理论的基础。明太祖朱元璋首创的腊八粥，咸、鲜、香、甜四味兼而有之。如今喝腊八粥已成为我国传统节日腊八节的重要习俗。屯溪火腿、黄山臭鳜鱼、无为熏鸭等传统名菜在当时已远近闻名。

随着时代的进步及社会经济的发展，徽菜也在不断推陈出新、与时俱进。徽菜由原先的皖南、沿江、沿淮三大风味进一步拓展为现在的五大风味。它们各有所长、各具特色。

随着人们生活水平的不断提高，绿色饮食、健康饮食的需求也不断增强。谋划实施“新徽菜·名徽厨”行动，从加强职业技能培训、开展职业技能竞赛、打造创业街区、构建菜品标准、助力品牌培育等方面推动徽菜内涵拓展升级，努力将“新徽菜”打造成为代表皖南徽菜、沿江美食、皖中菜肴、皖北风味等安徽美食文化的特色“名片”，就是为了让千家万户在一日三餐里品味徽菜美食，让广大徽厨在烟火气里创造滋味生活，让徽菜品牌在传承创新中发扬光大，推动“皖美味道”服务群众、走向全国。徽菜具有独特的地方文化和美食价值，通过不断推广和发展，可以为当地经济和文化的发展做出贡献，并且为其他地方的美食品牌建立提供借鉴和启示。

徽菜的形成与发展，凝聚了几千年来安徽人民勤劳的汗水与智慧。它是一份厚重而丰富的历史文化遗产，也是安徽著名品牌。进一步弘扬徽菜文化，提高徽菜知名度和品牌价值，发展徽菜经济，是历史赋予我们徽厨的光荣使命。

二、徽菜的特点

徽菜中红烧是一大类，而红烧的“红”表现在使用酱油上。安徽的酱油是黄豆制成的，保存了更多天然成分。今天的徽菜走向全国之后，在传承创新过程中仍然保留了重油（调味之功）、重色（调色之功）、重火功（调质之功）。用火腿调味是徽菜的传统。制作火腿，在徽州也是普及型的家庭技术，素有“金华火腿在东阳，东阳火腿在徽州”之说。大诗人李白曾在金华留诗曰：“闻说金华渡，东连五百滩……他年一携手，摇艇入新安。”新安，即徽州。

徽菜的烹饪技法，包括刀工、火候和操作技术。徽菜之重火功是历来的优良传统，其独到之处集中体现在擅长烧、炖、熏、蒸类的功夫菜上。不同菜肴使用不同的控火技术是徽帮厨师造诣深厚的重要标志，也是徽菜形成酥、嫩、香、鲜独特风格的基本手段。徽菜常用的烹饪技法约有 20 大类 50 余种，均在本书中一一体现。

三、常用烹调技法

徽菜在烹调技艺上擅长烧、炖、蒸，而爆、炒菜较少。其一是“就地取材，以鲜制胜”：安徽盛产山珍野味、河鲜家禽，就地取材使菜肴地方特色突出并保证鲜活。其二是善用火候，火功独到：根据不同原料的质地特点、菜品的风味要求，分别采用大火、中火、小火烹调。其三是娴于烧炖，浓淡相宜：除爆、炒、熘、炸、烩、煮、烤、焐等技法各有千秋外，尤以烧、炖及熏、蒸菜品而闻名。其四是注重天然，以食养身：徽菜继承了祖国医食同源的传统而讲究食补，这是徽菜的一大特色。

四、传统经典菜

徽菜中的传统经典菜体现了精湛的刀工和独特的调味技艺，并在食材选择上注重原料的新鲜和品质，常用的有安徽笋、徽州猪、黄山鸡、黄山臭鳜鱼、黄山毛豆腐等当地特产。徽菜的烹饪技艺非常讲究，如刀工细腻、火候控制精准等。其经典菜肴如臭鳜鱼，利用臭鳜鱼的鲜嫩肉质和浓厚的酱汁，体现了徽菜独特的烹饪技法和风味特色。毛豆腐则以其清香细腻的口感著称，是徽菜中的经典小吃之一。这些菜肴不仅在食材选择上讲究，更注重火候的掌握和调味的精准，体现了徽菜独特的烹饪风格和地方特色。

五、酒店流行菜

酒店流行菜在徽菜中也占据着重要地位，其独特的风味和精湛的烹饪技艺常常能够吸引广大食客。徽菜以其精致的刀工和独特的调味而闻名，这些特点使得徽菜在高端酒店中备受推崇。徽菜注重食材的原汁原味，多采用天然的香料和调味料，使得菜肴不仅口感独特，而且健康营养，符合现代人追求健康饮食的需求。

徽菜因其多样性和适应性在酒店流行菜中有着广泛的应用。无论是宴会还是个人点餐，徽菜的选择都能够满足不同食客的口味偏好，使其成为餐饮业者经常推荐的菜系之一。

凉菜

1. 葱油腐竹

腐竹是将豆浆加热煮沸后经过一段时间保温，表面形成一层薄膜，挑出后下垂成枝条状，再经干燥而成。因其形似竹枝，故称腐竹。制作好的葱油腐竹口感清爽、香气扑鼻，葱的香气和腐竹的筋道相得益彰，让人回味无穷。不仅如此，葱油腐竹还具有保健作用。葱油腐竹中的葱和辣椒可以有效抑制人体内细菌生长，减少肠道传染病的发生，并且具有抗氧化作用。

准备材料

主料： 干腐竹 150 克
配料： 西芹 100 克、青杭椒 5 克、红杭椒 5 克
辅料： 香葱 5 克、京葱 10 克
调料： 盐 5 克、糖 5 克、生抽 5 克、麻油 5 克、陈醋 5 克、胡椒粉 5 克

制作步骤

①

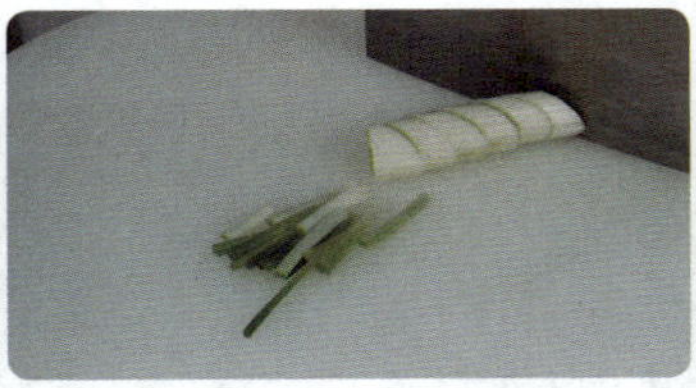
②

③

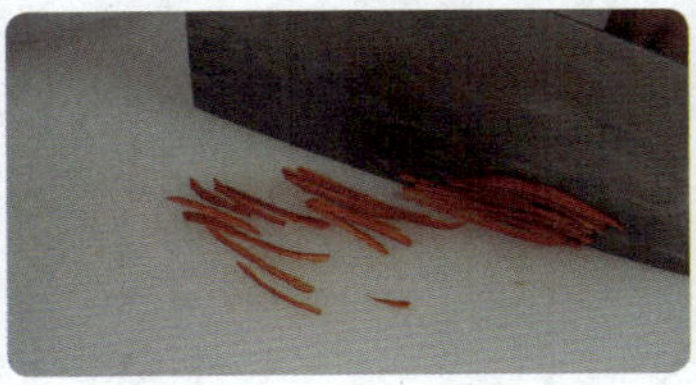
④

⑤

⑥

⑦

⑧

⑨

① 腐竹用清水浸泡至柔软，改刀切成段；
② 香葱改刀切成段，京葱一半改刀切成段，一半改刀切成细丝；
③ 西芹叶茎部改刀切成粒，根茎部刨开，改刀切成菱形段；
④ 青杭椒去籽、去筋并改刀切成细丝，红杭椒去籽、去筋并改刀切成细丝；
⑤ 锅中加水烧开，下入腐竹、西芹焯水至成熟，捞出过凉；
⑥ 锅中置油，下入西芹粒、京葱段、香葱段，炸至散发香味后捞出，留葱油备用；
⑦ 腐竹加盐、糖、胡椒粉、生抽、陈醋调味；
⑧ 撒上青红杭椒丝、葱丝，淋葱油、麻油拌匀入味；
⑨ 装盘。

注意事项

1. 腐竹要泡透。
2. 西芹烫制要注意成熟度。
3. 调味要精准。

2. 椿芽干丝

椿芽干丝是一道以椿芽和干丝为主料的美食，主要流行于长江流域和华南地区。椿芽干丝以嫩滑的干丝和鲜嫩的椿芽为主料，口感鲜美，营养丰富，是传统的名菜之一。椿芽干丝的主要食材是春天的香椿嫩芽和干丝，嫩芽的清香和干丝的韧劲相得益彰，让人们在品尝的同时也感受到了春天的气息。椿芽干丝不仅美味，还富含多种营养成分，具有增强免疫力、保护心血管健康、促进肠道健康等多种功效。

操作视频

准备材料

主料：鸡蛋干 150 克
配料：香椿苗 30 克
辅料：京葱 10 克、红椒 10 克、蒜 10 克
调料：盐 3 克、麻油 20 克

制作步骤

①

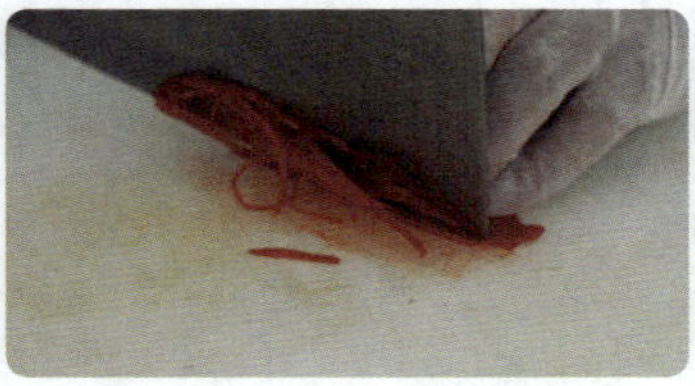
②

③

④

⑤

⑥

⑦

⑧

⑨

① 京葱改刀切成细丝；
② 红椒去筋、去籽、去肉，改刀切细丝；
③ 鸡蛋干改刀切细丝；
④ 蒜拍松后改刀切末；
⑤ 鸡蛋干下入开水焯熟，捞出过凉；
⑥ 碗中下入鸡蛋干，加蒜末、盐搅拌均匀；
⑦ 加入麻油搅拌均匀；
⑧ 加入香椿苗搅拌均匀；
⑨ 装盘后点缀红椒丝。

注意事项

1. 鸡蛋干刀工处理要粗细均匀。
2. 注意调味处理。

3. 贡菜生仁

涡阳苔干是当地传统特产，因做过贡品而名声大噪，被称为“贡菜”。苔干同皖北平原特产小籽红皮花生一起拌制，红绿相间，赏心悦目，脆爽香酥。其口味咸鲜、微辣，是佐食之佳品。

操作视频

准备材料

主料： 贡菜干 100 克

配料： 皖北小籽花生（红皮）100 克

辅料： 蒜 5 克、干辣椒 5 克、花椒 2 克

调料： 盐 5 克、麻油 5 克

制作步骤

①

②

③

④

⑤

⑥

⑦

⑧

⑨

① 贡菜用冷水泡发；

② 蒜改刀切片；

③ 干辣椒改刀切小段；

④ 贡菜去老根切小段；

⑤ 花生冷油下锅，小火升温至 120℃～150℃，炸熟后捞出备用；

⑥ 锅下少许油，下蒜片、干辣椒、花椒，炸香捞出，油备用；

⑦ 贡菜加盐调味，拌匀；

⑧ 下辣椒油、麻油、花生米拌匀；

⑨ 用模具使之成形之后装盘。

注意事项

1. 贡菜选色绿、香浓的正宗安徽涡阳产品，生仁选安徽蚌埠小籽红皮花生。
2. 有不良商家选用普通莴笋加色素后晾干，无香气，口感不好，所以选料不要选错。
3. 生仁要炸制且现拌现吃，贡菜要保色及去涩。

4. 蒙城酱牛肉

庄子故里安徽省蒙城县地处皖北平原，千年黄牛养殖技术及文化使其成为“中国第一养牛大县”。当地特产酱牛肉精选平原幼牛为原料精制而成，蘸上少许香油、醋汁等调料，更让人开胃生津，忍不住大快朵颐。

操作视频

准备材料

主料： 牛前腿腱子肉 1000 克
配料： 丁香 2 克、小茴香 3 克、陈皮 4 克、甘草 5 克、桂皮 5 克、八角 3 克、花椒 2 克
辅料： 葱 15 克、姜 20 克
调料： 盐 15 克、老抽 30 克、黄豆酱 50 克、冰糖 30 克

制作步骤

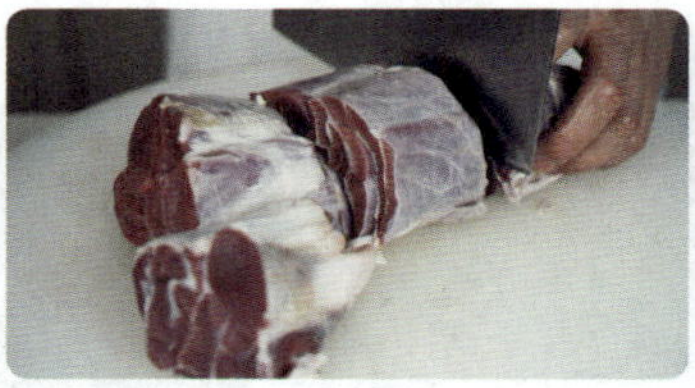
①

②

③

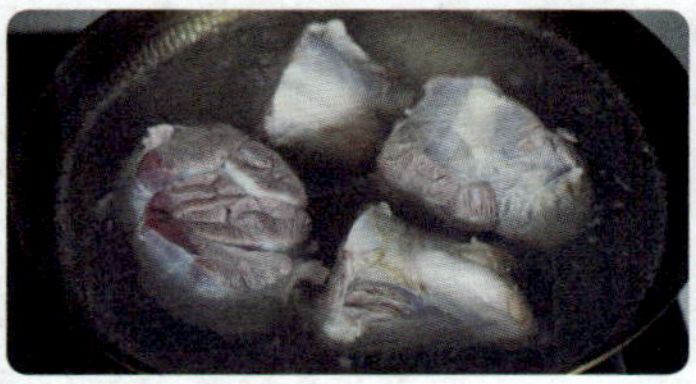
④

⑤

⑥

⑦

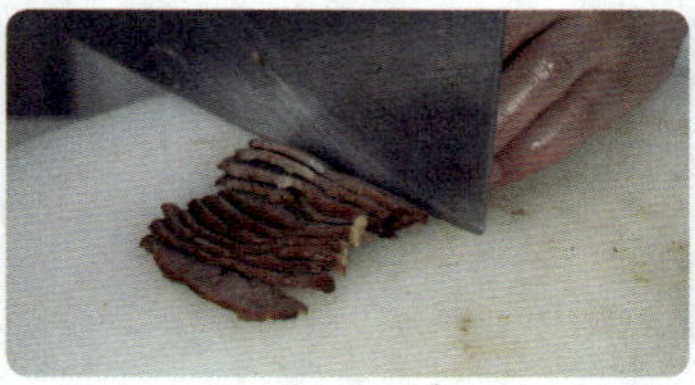
⑧

⑨

① 牛腱子肉沿筋络纹路切成拳头大小的块状；
② 放入冷水中浸泡，洗净血水；
③ 葱切段，姜拍松，备用；
④ 锅上火加入清水烧至约 80℃，投入牛肉，煮开后再大火煮 1 分钟左右，将牛肉从锅中捞出；
⑤ 将丁香、花椒、八角、陈皮、小茴香、甘草、桂皮等香料制成香料包；
⑥ 净锅加清水烧开，下入香料包、姜、葱，投入牛肉，加入盐、冰糖、黄豆酱、老抽煮沸，小火煨约半小时；
⑦ 将牛肉捞出，倒入容器中；
⑧ 放至完全凉透后取出切片；
⑨ 摆入盘中，淋上汤汁。

注意事项

1. 做酱牛肉首先要选好牛肉，牛腱子肉是首选，连着筋的其实最好吃。
2. 牛肉要事先用清水泡，将血丝泡出后成品味道更好。
3. 牛肉要先焯水再过凉，这样做出的牛肉烂而不散、口感极好。
4. 牛肉煮 1 分钟左右后用凉水浸泡，是为了让牛肉发紧，使成品不易被切碎。
5. 要将牛肉和剩余汤汁一起倒入容器中保存，这样可以使牛肉更加入味。

5. 坛子牛肉

三国时期，蜀国名将赵子龙将军智取桂阳郡时，老百姓用本地特产方元五爪辣椒放在坛子里腌制猪肉皮和五花肉，赠送给赵子龙将军，深得他的喜爱。坛子肉又香又辣，回味悠长，具有开胃、增强食欲之效，为郴州三宝之一，后由徽商引入安徽之后将原料改为牛肉。坛子牛肉的口感非常鲜美，肉质鲜嫩，酸辣可口，深受广大食客的喜爱。这道菜不仅美味，而且营养丰富，含有丰富的蛋白质和钙质，对身体健康非常有益。

操作视频

准备材料

主料：牛肉 150 克
配料：青线椒 50 克
辅料：葱 10 克、姜 10 克、蒜 10 克、花椒 2 克、干辣椒 8 克
调料：盐 10 克、糖 20 克、料酒 10 克、老抽 5 克、生抽 10 克、陈醋 3 克、麻油 50 克

制作步骤

①

②

③

④

⑤

⑥

⑦

⑧

⑨

① 牛肉从筋膜处分开，去除筋膜，改刀切成两厘米的方块；
② 青线椒改刀成段，切成条状；
③ 葱切段，姜切片，蒜切末，干辣椒切段；
④ 起锅干煸青线椒，炒至焦黄捞出；
⑤ 将出锅的青线椒改刀切成粒；
⑥ 将线椒粒放入碗中，下入蒜、老抽、糖、盐、生抽、陈醋、麻油搅拌成线椒酱；
⑦ 起锅烧油，下牛肉，用小火把牛肉炸至水分将干；
⑧ 另起锅炒糖色，加入牛肉、料酒、干辣椒、花椒、姜、葱翻炒；
⑨ 装盘后调入线椒酱。

注意事项

1. 牛肉改刀要均匀。
2. 线椒酱制作很重要，要调好味道。
3. 控制好牛肉煸制时间和火候。
4. 注意糖色熬制及煸炒火候。

6. 芝麻熏鱼

熏鱼是中国传统的名菜之一，据说源于唐宋时期。芝麻熏鱼采用的是新鲜的鱼肉，经过腌制、熏烤等工艺使其表面呈现出金黄的色泽，口感鲜美，回味无穷。熏鱼外酥里嫩、香味扑鼻既可以单独作为一道菜品，也可以作为其他菜品的配菜。

操作视频

准备材料

主料：草鱼 700 克
配料：白芝麻 10 克、面粉 80 克
辅料：香叶 5 克、八角 10 克、桂皮 5 克、姜 10 克、葱 10 克
调料：盐 5 克、糖 50 克、胡椒粉 5 克、老抽 10 克

制作步骤

①

②

③

④

⑤

⑥
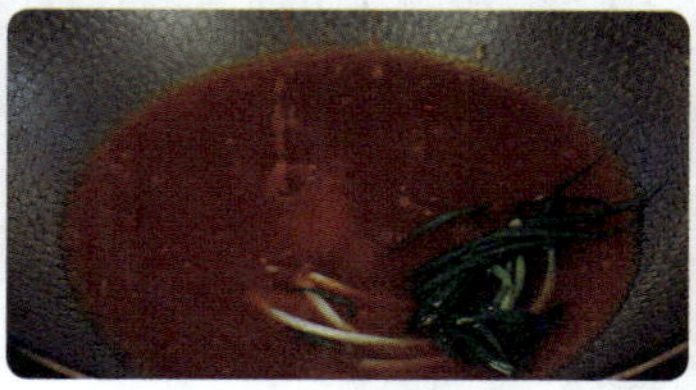
⑦

⑧

⑨

① 姜改刀切成片；
② 蒜压松后剁成末；
③ 草鱼取鱼肉，改刀切成条状；
④ 鱼肉入碗中，加入姜、葱、盐、胡椒粉腌制 10 分钟，再洒上面粉，搅拌裹匀；
⑤ 锅入宽油烧到五成热，将鱼条下入油锅炸至金黄色，捞出控油；
⑥ 锅中加油，放入姜、葱炒香；
⑦ 加开水，下入桂皮、八角、香叶，烹入老抽、盐、糖，烧至汤汁浓稠；
⑧ 过滤汤汁备用，味汁中加入鱼条，搅拌均匀；
⑨ 装盘撒上白芝麻即可。

注意事项

1. 选用新鲜的草鱼。
2. 注意收汁时的火候、酱汁的配制。
3. 控制好炸鱼条时的油温。

7. 卤酱鸭舌

这道菜以其鲜美的口感和独特的香味而闻名，是徽菜中的一道经典菜品。卤酱鸭舌选用新鲜的鸭舌，经过独特的工艺处理，入口即化。这道新派徽菜，不仅口感鲜美，还富含多种营养成分。鸭舌中含有丰富的胶质和钙质，对人体健康非常有益。同时，卤酱鸭舌的制作过程也体现了徽菜的独特魅力，在品尝美食的同时感受徽菜的深厚文化底蕴。

操作视频

准备材料

主料： 鸭舌 400 克
配料： 细制面条 150 克
辅料： 葱 10 克、姜 6 克、蒜 10 克、洋葱 15 克、香芹 10 克、八角 3 克、白芷 2 克、小茴香 3 克
调料： 盐 10 克、料酒 15 克、黄豆酱 15 克、排骨酱 15 克、冰糖 20 克、生抽 12 克

制作步骤

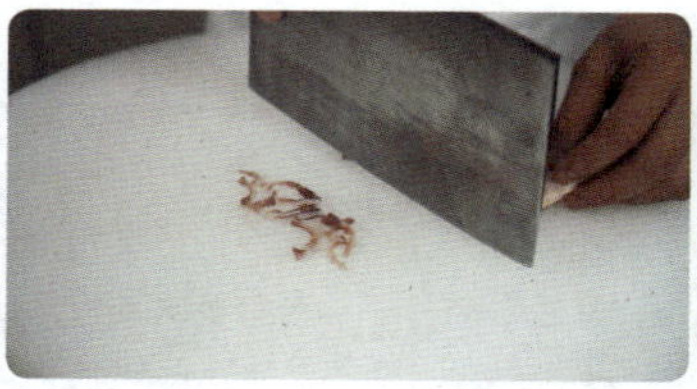
①

②

③

④

⑤

⑥

⑦

⑧

⑨

① 鸭舌斩去须尖；
② 洋葱改刀切丝，香芹切段，葱切段，姜切片，蒜拍碎；
③ 鸭舌用葱姜水浸泡 10 分钟；
④ 鸭舌冷水下锅、焯水；
⑤ 底油小火下入冰糖炒至枣红色，入葱、姜、蒜、洋葱、八角、白芷、小茴香煸香，入黄豆酱、排骨酱煸香；
⑥ 加水，加盐、料酒，下鸭舌卤 10 分钟；
⑦ 关火浸泡 5 分钟，捞出冷却；
⑧ 将面条入四成热油炸至酥黄，垫盘底；
⑨ 装盘。

注意事项

1. 选用新鲜的鸭舌，泡 10 分钟去除表面血渍。
2. 掌握好调制酱卤的比例和火候。

8. 金钱蹄筋卷

金钱蹄筋卷又名“肚包筋”，是一道以金钱肚、牛蹄筋为原料的新派徽式凉菜，因卤制金钱肚包卷蹄筋冷却后呈卷状而得名。金钱肚是牛的第二个胃，因为内壁上有连片的六边形蜂窝状网纹，像渔网一样，因而又被称作“网胃”“蜂巢胃”“麻肚”“毛肚”等。古代把它比作金钱，美其名曰“金钱肚”，寓意财源广进、招财进宝，作为吉祥菜，必不可少，与蹄筋搭配更是一道精品高端凉菜。

准备材料

主料：金钱肚 600 克

配料：牛蹄筋 400 克

辅料：葱 10 克、姜 8 克、蒜 8 克、洋葱 15 克、香芹 15 克、干辣椒 4 克、八角 4 克、白芷 2 克、豆蔻 3 克、花椒 3 克、红曲米 8 克、罗汉果 5 克、香叶 2 克、小茴香 3 克、桂皮 3 克

调料：盐 10 克、冰糖 20 克、料酒 10 克、陈醋 15 克、生抽 15 克、蚝油 15 克、老抽 7 克

制作步骤

①

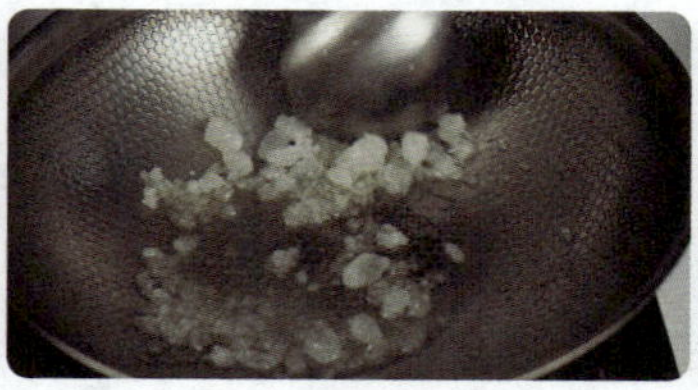

②

③

④

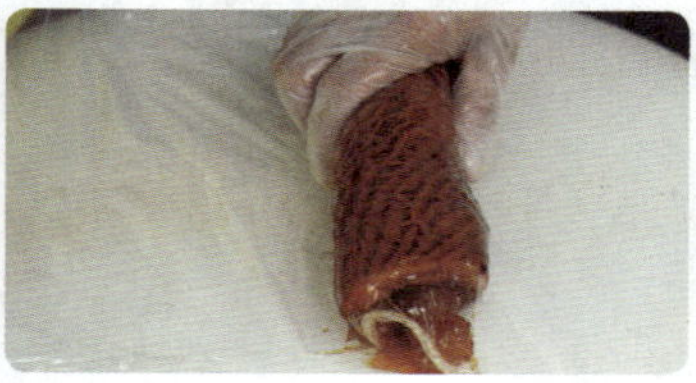

⑤

⑥

⑦

⑧

⑨

① 金钱肚、牛蹄筋焯水，入卤锅中；

② 净锅中置油，下入冰糖炒糖色，入卤锅中；

③ 锅中入油，煸香葱、姜、蒜和各种辅料，下入蚝油、水、盐、料酒、生抽、老抽调味，倒入卤锅中；

④ 锅中入油，炸好芹菜、洋葱，倒入卤锅中，卤制 2 小时；

⑤ 保鲜膜铺开，放上金钱肚，中间包卷蹄筋，包紧呈卷状；

⑥ 放入冰箱保鲜 1 小时；

⑦ 取出改刀厚圆片；

⑧ 用陈醋、生抽、麻油调一碟味汁；

⑨ 装盘。

注意事项

1. 选用新鲜蹄筋及金钱肚。
2. 原料要先去异味。
3. 掌握好工序、调卤比例及火力。

9. 古井醉鸡

古井贡酒是亳州传统名酒，属中国八大名酒之一，以“色清如水晶、香醇似幽兰、入口甘美醇和、回味经久不息”的独特风格而闻名。徽菜大厨甄选散养的小母鸡，经开水煮、冰水浸泡，沥干水分，放入特制的醉卤中浸泡，再改刀摆盘。成菜皮脆肉滑、鲜嫩多汁、酒香浓郁，广受食客好评，是皖北特色名菜之一。

操作视频

准备材料

主料：散养小母鸡 1000 克（1 只）
辅料：葱 20 克、姜 10 克、黄栀子 5 克、八角 5 克、香叶 8 克、花椒 5 克、茴香 3 克、桂皮 5 克
调料：盐 20 克、糖 10 克、料酒 10 克、古井贡酒 20 克

制作步骤

①

②

③

④

⑤

⑥

⑦

⑧

⑨

① 水中加桂皮、香叶、八角、花椒、黄栀子、茴香、葱节、姜片；
② 加料酒、盐、糖，大火烧开；
③ 放入整只鸡，小火煮 15 ~ 20 分钟，中途翻动两次，关火焖 10 分钟，捞出鸡肉冷却；
④ 斩下鸡头和脖子，再切四大块；
⑤ 原汤捞出配料，过滤，放凉备用；原汤加入 20 克古井贡酒；
⑥ 放入鸡块浸泡入味；
⑦ 浸泡约 6 小时后捞出；
⑧ 将鸡肉去骨，斩成约 1 厘米宽的块，整齐地码放在盘中，浇原汁；
⑨ 装盘。

注意事项

1. 鸡要选当年散养的小母鸡。
2. 鸡肉清洗后要用清水浸泡，以便去除血水。
3. 控制好醉卤调制时投放的香料和调料分量。
4. 没有古井贡酒，可以用其他高度白酒代替。

10. 阜阳板鸡

阜阳板鸡是安徽阜阳的一道传统美食，以其独特的口感和风味而闻名。相传清光绪年间，阜阳的李某以卖卤鸡为生。起初他只卖整鸡，生意一直不好，某日来了一位老人，执意要买一只鸡腿。李某大受启发：整鸡不好卖，不如把它分割来卖，于是便将鸡分割后摆在木板上卖。结果供不应求。后来因这种卤鸡放在木板上销售，所以称为板鸡。

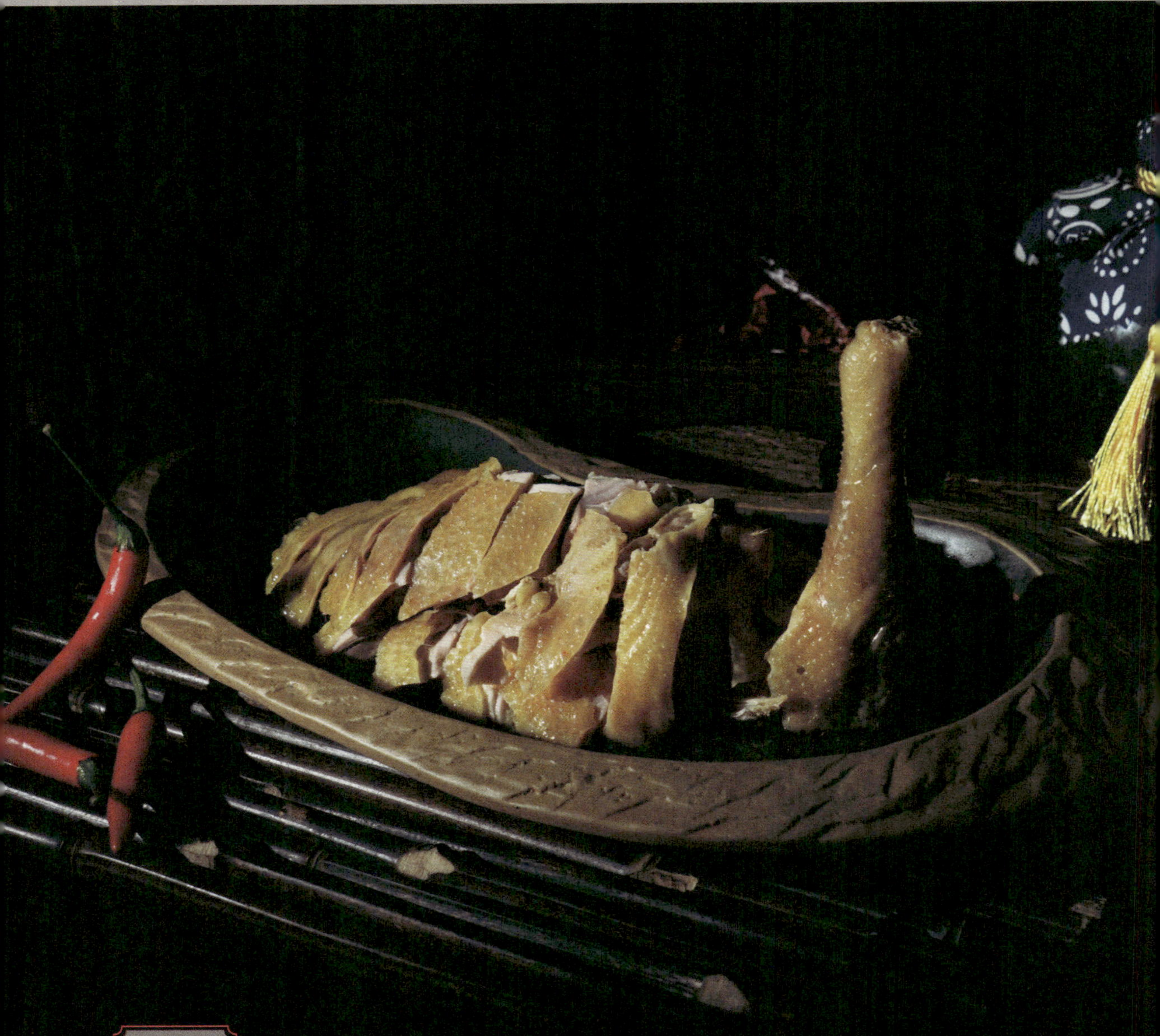

操作视频

准备材料

主料： 老公鸡 2000 克

辅料： 葱 10 克、姜 10 克、蒜 10 克、花椒 5 克、干辣椒 10 克、甘草 3 克、草果 2 克、小茴香 3 克、陈皮 2 克、香叶 2 克、八角 20 克、桂皮 2 克、栀子 2 克

调料： 盐 10 克、糖 10 克、料酒 10 克

制作步骤

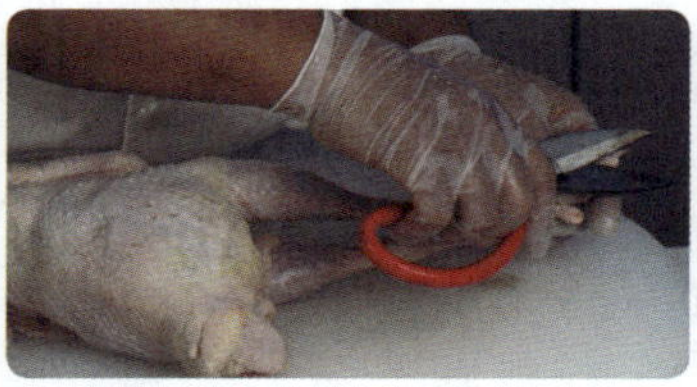
①

②

③

④

⑤

⑥

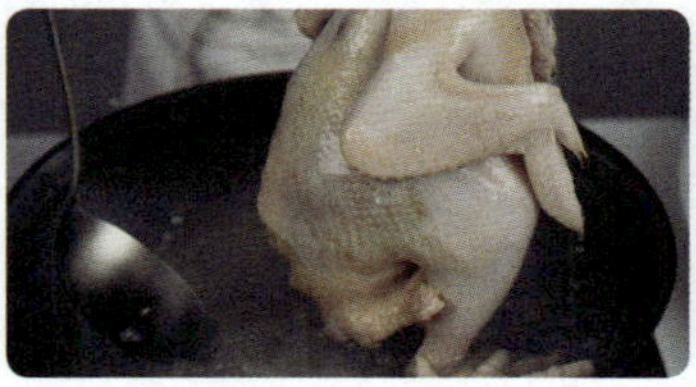
⑦

⑧

⑨

① 公鸡剪去指甲，剁开鸡爪，切去鸡屁股；
② 姜改刀切片，蒜拍松，整葱打结；
③ 公鸡加盐、糖、料酒、八角、花椒、葱、姜搓揉腌制；
④ 将香料放入香料包中，用冷水浸泡；
⑤ 锅中置油，下入干辣椒煸香备用；
⑥ 大锅中置水，下入香料包、葱、姜、蒜、干辣椒，加入盐、糖、料酒烧开；
⑦ 将鸡肉焯水；
⑧ 将焯水后的鸡下入大锅中，卤制 40 分钟；
⑨ 捞出卤好的鸡放凉，改刀切成薄片装盘，淋上味汁即可。

注意事项

1. 选一年以上的公鸡，鸡皮不能破。
2. 公鸡需要先初加工入味。
3. 卤制时火要小，并要掌握好卤制时间。

热菜

传统经典菜

11. 茶笋炒茶干

茶笋是皖南黄山地区特产，是干笋的一种，由春笋用盐暴腌并烤干后制得。传统的加工方式是即时蒸煮—腌制—炭火烘烤—成形。黄山的笋资源丰富，每年春天在茶叶开采前鲜嫩的春笋已上市，因采茶时节正是拔笋的最佳季节，故名茶笋。茶笋可炒菜、红烧、煲汤、凉拌，是招待亲友不可缺少的特色食材，也是徽州菜的基本食材之一。

操作视频

准备材料

主料：茶笋 250 克

配料：茶干 100 克、青椒 20 克、红椒 20 克

辅料：葱 10 克、姜 10 克、蒜 10 克

调料：盐 3 克、糖 5 克、淀粉 5 克、味极鲜 10 克、豉油 10 克

制作步骤

①

②

③

④

⑤

⑥

⑦

⑧

⑨

① 用手将茶笋撕成长条状，改刀切成 4 厘米长的段；

② 茶干改刀切成 4 厘米长的丝；

③ 青红椒去蒂去籽，并改刀切成 3 厘米长的丝，蒜改刀成片，葱改刀成段，姜改刀成片；

④ 将刀工处理后的茶笋、茶干分别焯水并过凉；

⑤ 青、红椒丝焯水、过凉；

⑥ 碗中加盐、糖、淀粉、味极鲜、豉油，加水调成味汁；

⑦ 锅中置油，下入姜、蒜煸炒出香味；

⑧ 下入茶笋、茶干翻炒，烹入味汁；放入青、红椒丝翻炒均匀，撒入葱段，淋明油；

⑨ 盛装即可。

注意事项

1. 腌制时间不宜过长。
2. 炒制时要炒出香味。
3. 茶笋选料很关键。

12. 干蒸渣肉

干蒸渣肉这道美食以其独特的口感和鲜美的味道而闻名，深受广大食客的喜爱。最初的做法是用自制的米粉（渣粉）裹匀鲜肉制成菜肴，也可晒干后储存待他日食用。在长期的积累中，人们又探索出一套独特的方法，以别具风格流传至今。干蒸渣肉采用更加传统的烹饪方式，不仅保留了猪肉的鲜嫩多汁，还保留了猪肉的香味和口感，食用时香气扑鼻、油润爽口。

操作视频

准备材料

主料： 五花肉 750 克
配料： 五香米粉 250 克、荷叶 50 克
辅料： 葱 10 克、姜 10 克、蒜 6 克
调料： 盐 3 克、糖 5 克、料酒 6 克、排骨酱 15 克、辣椒酱 15 克、老抽 5 克

制作步骤

①

②

③

④

⑤

⑥

⑦

⑧

⑨

① 五花肉改刀成厚片状；
② 葱改刀切成末，姜改刀切成末，蒜改刀切成末；
③ 五花肉片放入葱、姜、蒜末；
④ 加入排骨酱、辣椒酱、料酒、老抽、盐、糖腌制 5 分钟；
⑤ 淋适量水拌匀；
⑥ 将肉表面蘸上五香米粉；
⑦ 码入荷叶里；
⑧ 中小火蒸制 1 小时至肉出油；
⑨ 取出渣肉，撒葱花少许即可。

注意事项

1. 选择新鲜五花肉，米粉选择三河产的。
2. 调味比例要合理。
3. 掌握好蒸制时间和火力。

13. 三河小炒

操作视频

准备材料

主料： 里脊肉 150 克
配料： 木耳 25 克、蒜黄 100 克、芹菜 50 克、洋葱 50 克、红椒 25 克、茶干 50 克
辅料： 葱 3 克、姜 3 克、蒜 3 克
调料： 盐 3 克、糖 3 克、陈醋 3 克、老抽 3 克、生抽 4 克、胡椒粉 2 克、淀粉 10 克、麻油 3 克

制作步骤

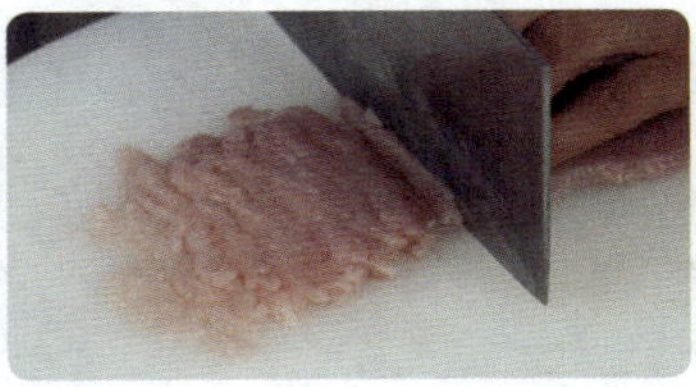

①

②

③

④

⑤

⑥

⑦

⑧

⑨

① 里脊肉改刀成粗丝状；
② 蒜黄改刀成长段，芹菜去叶并改刀成长段；
③ 洋葱改刀成丝，红椒去籽并改刀成丝，茶干改刀成丝；
④ 木耳改刀成丝；
⑤ 葱改刀成段，姜改刀成片，蒜改刀成片；
⑥ 里脊肉丝加盐、生抽调味，加水、料酒、淀粉上浆；
⑦ 木耳和芹菜入沸水焯水；
⑧ 锅入油，下入里脊肉滑油至成熟，下入葱、姜、蒜翻炒；
⑨ 放入陈醋、老抽、生抽、盐、糖、胡椒粉调味，淋芡、麻油装盘即可。

注意事项

1. 选择新鲜的茶干。
2. 木耳要浸泡透，去老根。
3. 改刀要均匀，里脊肉改刀不可过粗。
4. 炒制过程中要注意放料顺序。

14. 三河虾糊

准备材料

主料：五香米粉 200 克
配料：白米虾 150 克
辅料：葱 10 克、姜 10 克、干辣椒 10 克
调料：盐 10 克、料酒 10 克、老抽 5 克、胡椒粉 5 克、麻油 3 克

制作步骤

①

②

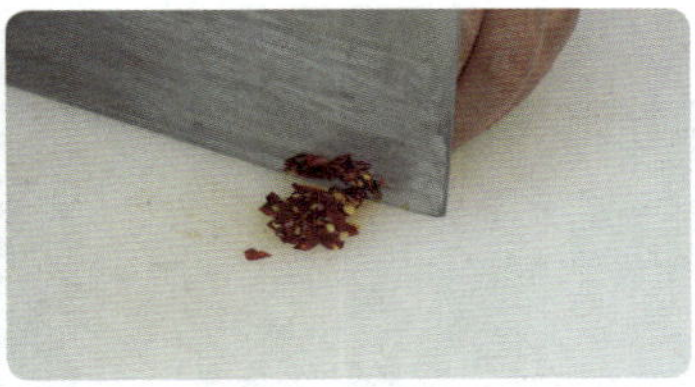
③

④

⑤

⑥

⑦

⑧

⑨

① 葱改刀切小节；
② 姜改刀切末；
③ 干辣椒改刀切末；
④ 五香米粉放入碗中，加入水，泡开米粉；
⑤ 锅中加入底油，煸香姜末、葱节、干辣椒，下入白米虾翻炒；
⑥ 加水烧开后，将米粉放入再搅拌至烧开；
⑦ 加入料酒、老抽、盐、胡椒粉调味；
⑧ 煮至成糊后，淋麻油；
⑨ 装盘并撒上葱末即可。

注意事项

1. 选择新鲜的白米虾。
2. 把控好色泽和味型。
3. 把控好煮糊的时间和火候。

15. 粉蒸肥王鱼

淮河八百里，横贯豫皖苏；欲得肥王鱼，唯有峡山口。肥王鱼又名淮王鱼，是全国极为少见的鱼种，产于安徽凤台县境内峡山口一带的水域。肥王鱼外形奇特，体呈扁圆，形如纺锤，黄亮、肥壮、光滑、无鳞，肉质细嫩，历来被当作鱼中上品，居淮河鱼类之冠。据《凤台县志》记载，西汉时该地曾将肥王鱼献给淮南王刘安。此菜选用肥王鱼与米粉同蒸，鱼肉鲜嫩爽口，米粉吸收了鱼肉的鲜香，口感软糯，是一道营养丰富的佳肴。

准备材料

主料： 肥王鱼 1000 克

辅料： 五香渣粉 50 克、葱 10 克、姜 10 克、蒜 10 克、干辣椒 5 克

调料： 盐 5 克、糖 5 克、料酒 5 克、老抽 5 克、生抽 10 克、蚕豆酱 10 克、胡椒粉 10 克

制作步骤

①

②

③

④
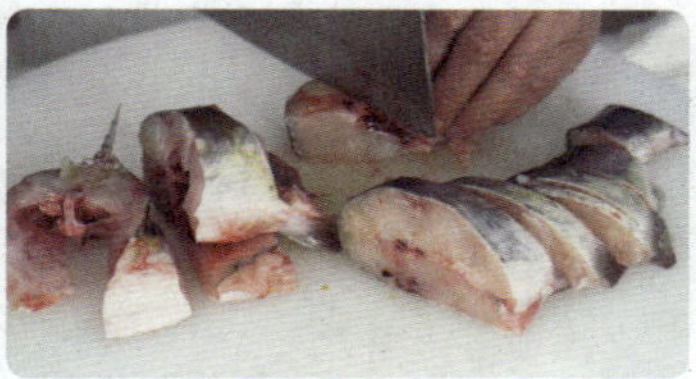
⑤

⑥

⑦

⑧

⑨

① 葱改刀切成末；
② 姜改刀切成末；
③ 蒜改刀切成末；
④ 干辣椒改刀切成末；
⑤ 肥王鱼改刀切成 3 ～ 6 厘米的块状；
⑥ 碗中放入葱、姜、蒜、干辣椒、盐、糖、料酒、老抽、生抽、蚕豆酱，调成腌料；
⑦ 将鱼块用腌料腌制 30 分钟；
⑧ 用五香渣粉拌均匀；
⑨ 将入味的肥王鱼放在蒸笼上，蒸制 15 分钟即可。

注意事项

1. 处理鱼时须小心，因为肥王鱼的背鳍刺和胸鳍刺有毒腺，如被刺会导致剧痛、出血、局部肿胀等。

2. 做好肥王鱼的清洗、改刀和调味。

16. 干豆角烧肉

干豆角烧肉是安徽皖南地区的一道传统名菜，也是皖南地区民众最熟悉的家常菜。干豆角与五花肉一起烧制，口感鲜美，回味无穷。干豆角中含有丰富的蛋白质和多种维生素，健脾养胃的效果非常好；而五花肉则含有丰富的脂肪酸和蛋白质，不仅能增加饱腹感，还有补肾养血、滋阴润燥等功效。

操作视频

准备材料

主料：带皮五花肉 500 克
配料：干豆角 150 克
辅料：八角 5 克、葱 10 克、姜 10 克、蒜 10 克、红曲米 20 克
调料：盐 10 克、糖 10 克、料酒 30 克、老抽 10 克、淀粉 10 克

制作步骤

①

②

③

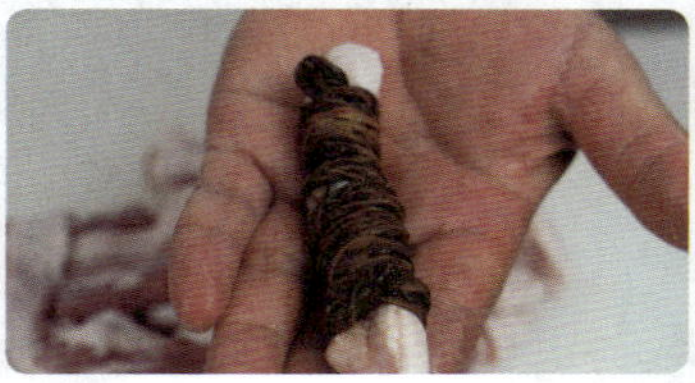
④

⑤

⑥

⑦

⑧

⑨

① 干豆角浸泡，涨发；
② 五花肉改刀切厚片；
③ 姜改刀切片，葱改刀切小段；
④ 将干豆角绑在五花肉上；
⑤ 将豆角和五花肉放入水中，加料酒、葱、姜，焯水；
⑥ 净锅放入油，下入姜、葱、蒜、八角煸香；
⑦ 下入豆角和五花肉，加老抽翻炒，加入水，下入盐、料酒、糖、红曲米，烧开后转小火焖烧 1 小时；
⑧ 收汁后勾芡，撒入葱段，淋入明油；
⑨ 装盘即可。

注意事项

1. 干豆角要涨发，清洗干净。
2. 下入主料、配料后，水不宜放太多。
3. 掌握好火候和调味。

17. 笋干烧肉

操作视频

准备材料

主料： 五花肉 600 克（土猪肉）
配料： 优质笋干 150 克
辅料： 干辣椒 3 克、八角 2 克、桂皮 2 克、葱 15 克、姜 10 克、蒜 10 克
调料： 盐 6 克、糖 10 克、老抽 5 克、料酒 10 克、生抽 5 克、陈醋 5 克

制作步骤

①

②

③

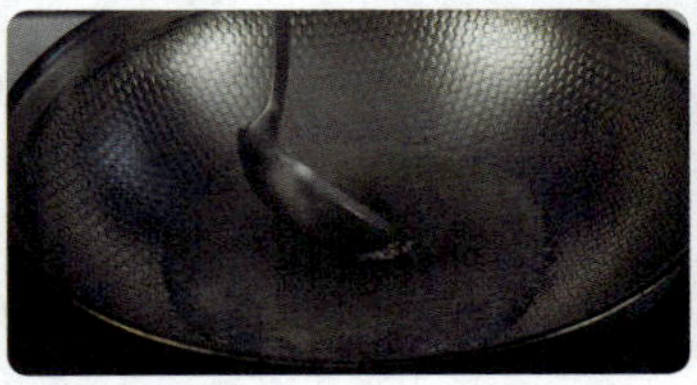
④

⑤

⑥

⑦

⑧

⑨

① 笋干清洗后用温水浸泡，改刀切条；
② 五花肉改刀切块；
③ 姜改刀切片，干辣椒改刀切段；
④ 锅中加水，放入糖，炒糖色备用；
⑤ 冷水下入五花肉，加料酒焯水；
⑥ 锅中置油，下入五花肉、八角、桂皮、姜、葱、蒜、干辣椒翻炒；
⑦ 烹入料酒、老抽、生抽上色；
⑧ 加糖色、开水，烧开后下笋干，烧 2 ～ 3 小时至肉软烂；
⑨ 拣去八角、桂皮，下入盐、糖，烹入陈醋增香，装盘后撒葱段即可。

注意事项

1. 尽量选择土猪肉。
2. 笋干如较老，顶刀切厚片，一定要泡透。
3. 五花肉一定要上色后再加汤。
4. 控制好烧制火候和味道。

18. 皖北老鹅汤

操作视频

准备材料

主料： 老鹅 1500 克
配料： 鞭笋 20 克、红枣 10 克、党参 3 克、枸杞 3 克
辅料： 葱 5 克、姜 5 克、炒米 20 克
调料： 盐 6 克、胡椒粉 3 克、料酒 6 克

制作步骤

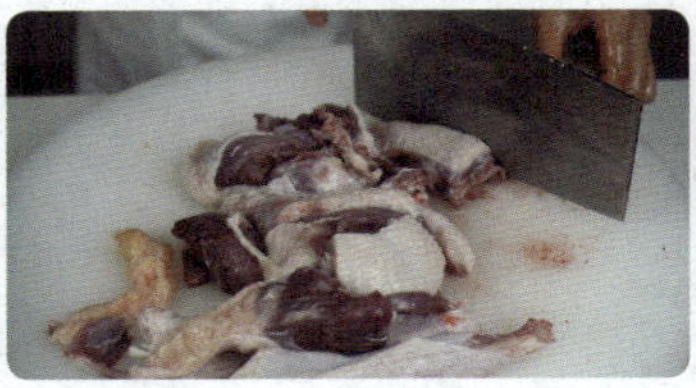
①

②

③

④

⑤

⑥

① 葱打成结，姜改刀切厚片；老鹅改刀剁成大块；
② 鞭笋手撕成粗丝；
③ 老鹅放入凉水锅中，焯水后捞出，洗净备用；
④ 高压锅中置水，放入老鹅、葱结、姜片、党参、料酒烧开；
⑤ 下入鞭笋，高压炖煮 40 分钟，老鹅酥烂后下入盐、胡椒粉、红枣、枸杞烧开；
⑥ 盛装，配上炒米即可。

注意事项

1. 把控好老鹅的质量。
2. 注意制汤的每个环节和细节，要做到汤清味醇。
3. 把握好炖制时间。

19. 红烧划水

红烧划水是体现传统徽菜“重油、重色、重火功”的精髓的代表菜肴之一。划水指鱼尾，当地方言“划”与“发”谐音，故有“发达、发财、年年有余”的意思。这道菜选用鲜活的青鱼尾，采用急火、快烧的方法，使鱼鲜嫩且原汁原味。青鱼是一种低脂肪、高蛋白的营养食材，不仅含有丰富的维生素和矿物质，还含有不饱和脂肪酸，对人体健康非常有益。

操作视频

准备材料

主料： 青鱼尾 750 克
辅料： 葱 15 克、姜 15 克、蒜 15 克
调料： 盐 5 克、糖 10 克、料酒 20 克、老抽 20 克、陈醋 5 克

制作步骤

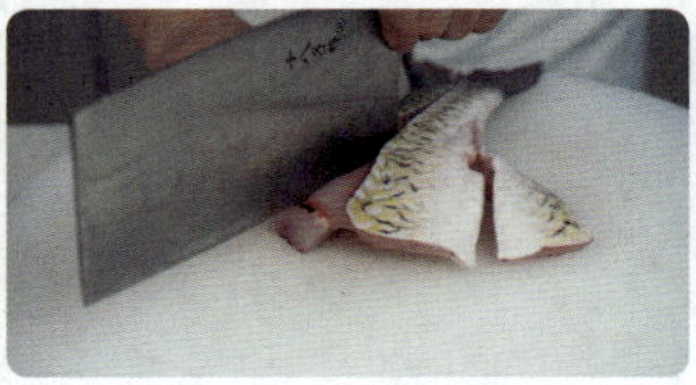
①

②

③

④

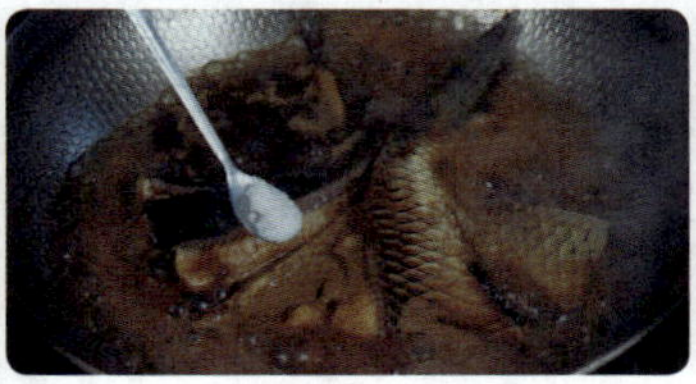
⑤

⑥

① 鱼尾一面靠近尾部改一字花刀至鱼骨，一面竖切两刀至鱼骨，使鱼尾呈扇形；
② 姜改刀切成片，蒜改刀切成片，葱改刀切成段；
③ 锅中置油，下入蒜、姜、葱，爆出香味；
④ 下入鱼尾，使鱼皮朝上、鱼肉向下煎制，烹入料酒、老抽调味上色；
⑤ 加水至鱼面，大火烧开，用汤汁浇淋鱼面，放入盐、糖调味，拣去葱、姜，烹入陈醋增香；
⑥ 装盘，撒上葱段即可。

注意事项

1. 选择中大鱼的鱼尾，从脐门下刀，长度大概为手掌长度。
2. 尽量使色泽美观。
3. 掌握好火候。

20. 冬瓜烧鱼

绩溪夏秋季多用冬瓜烧鱼招待宾客。绩溪水塘多为沙土底，水质较好，青鱼一般无腥味。冬瓜烧鱼选用青鱼烹制，冬瓜用鱼汤炖制，鲜美异常。因冬瓜和青鱼均为凉性，所以这是一道老少皆宜的夏秋保健菜品。

操作视频

准备材料

主料： 青鱼 800 克
配料： 冬瓜 1000 克、青杭椒 10 克、红杭椒 10 克
辅料： 葱 10 克、姜 10 克、蒜 10 克、干辣椒 5 克、淀粉 10 克
调料： 盐 10 克、糖 5 克、老抽 10 克、料酒 10 克、蚕豆酱 10 克

制作步骤

①

②
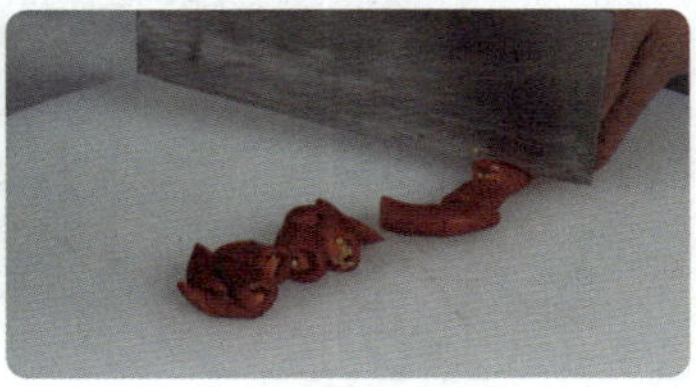
③

④

⑤

⑥

⑦

⑧

⑨

① 鱼改刀切成段；
② 冬瓜去皮、去籽，改刀切成厚块；
③ 青、红杭椒改刀切成段，葱改刀切成段，姜改刀切成片，蒜改刀切成粒，干辣椒改刀切成段；
④ 鱼加姜、葱、料酒、盐腌制 10 分钟；
⑤ 锅中置油，下入冬瓜，炸至表面微脱水，捞出后垫入另一个锅底；
⑥ 鱼块入油锅，炸至金黄捞沥；
⑦ 将炸好的鱼入冬瓜锅拼摆盖面；
⑧ 锅中置油，下入蒜、姜、葱、干辣椒煸炒，下入蚕豆酱、料酒、老抽，煸炒上色；
⑨ 加开水，放入盐、糖调味烧开，倒入拼摆冬瓜和鱼的锅中大火烧开，撒青、红杭椒，勾芡略烧即可。

注意事项

1. 青鱼选野生的较好，若是养殖鱼，捞出后需吐脏 2～3 天。
2. 注意鱼块炸制的火候及芡汁的色泽、浓度。
3. 控制好味型。

21. 梅干菜扣肉

过去徽州人常将当季吃不了的梅菜制成梅干菜用来烧肉或蒸肉：梅干菜吸收油脂变得丰腴，肉去除油脂变得肥而不腻。梅干菜扣肉的口感鲜美、香气扑鼻，五花肉的肥肉和瘦肉搭配得恰到好处，梅干菜的香味和五花肉的香味相互融合形成一道美味佳肴。

操作视频

准备材料

主料： 五花肉 750 克
配料： 梅干菜 200 克、上海青 300 克
辅料： 葱 10 克、姜 10 克
调料： 盐 8 克、糖 10 克、料酒 10 克、老抽 10 克、淀粉 20 克

制作步骤

①

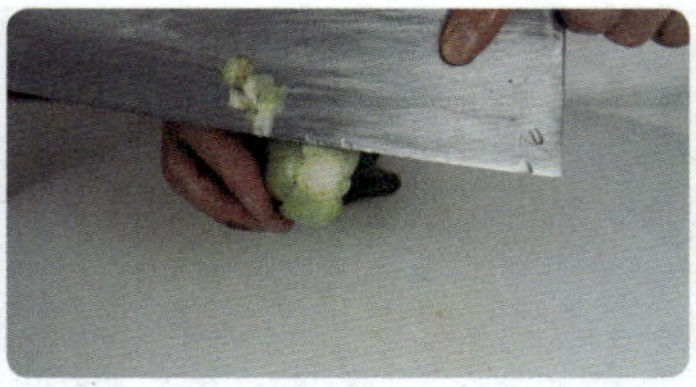
②

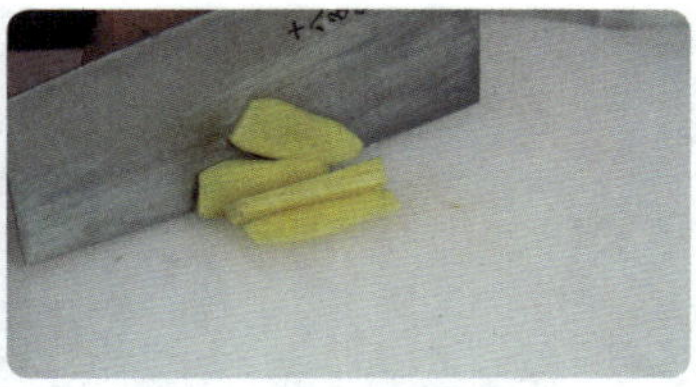
③

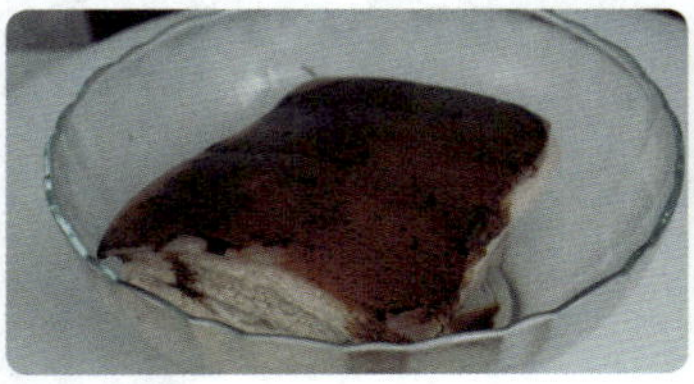
④

⑤

⑥

⑦

⑧

⑨

① 将梅干菜放入清水中浸泡 30 分钟，拧干水分，改刀切小段；
② 上海青削去根部；
③ 姜改刀切片，葱改刀切段；
④ 锅中加水，下入姜、葱、五花肉，加料酒煮 20 分钟，捞出后将肉的表皮抹上老抽上色；
⑤ 锅中置油，下入肉块炸至成熟，捞出过凉后改刀成厚片状，皮朝下码入碗中；
⑥ 锅中置油，下入姜、葱、梅干菜，烹入老抽翻炒，加水，放入糖、盐调味；
⑦ 将梅干菜放入碗中压紧，上笼蒸 2 ～ 3 小时至软烂；
⑧ 锅中加水、油、盐，下入上海青焯水断生，捞出过凉；
⑨ 将蒸过的汤汁倒入锅中，勾芡，加明油备用；将碗中的肉扣入盘中，用上海青围边，淋上汤汁即可。

注意事项

1. 五花肉选皮薄的，五花三层为佳。
2. 做好肉方和梅干菜的初步熟处理。
3. 控制好芡汁色泽、浓度及味型。

22. 将军鸭

在抗日战争时期，彭雪枫将军带领部队在皖北一带英勇作战，屡建战功，老百姓用当地的鸭子款待他们。彭将军英勇牺牲后，为了纪念他，当地人就把此鸭肴称作“将军鸭”。将军鸭的肉质鲜美、口感细腻、富有弹性，不仅肉质紧实，而且富含蛋白质、多种维生素和矿物质，有很高的营养价值。

操作视频

准备材料

主料： 麻鸭 1000 克（1 只）
配料： 青杭椒 15 克、红杭椒 15 克
辅料： 葱 10 克、姜 10 克、蒜 10 克、干辣椒 20 克、八角 10 克、桂皮 10 克、白芷 2 克
调料： 盐 10 克、冰糖 10 克、胡椒粉 5 克、料酒 30 克、老抽 10 克、菜籽油 30 克、蚝油 10 克、鲜辣酱 20 克

制作步骤

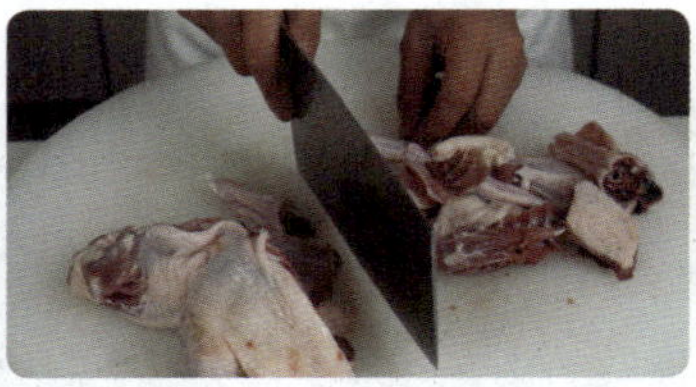
①

②

③

④

⑤

⑥

⑦

⑧

⑨

① 麻鸭改刀切成块；
② 青杭椒、红杭椒改刀切段，姜改刀切片，蒜改刀切片，葱改刀切段，干辣椒改刀切段；
③ 麻鸭焯水，放凉备用；
④ 锅中放入菜籽油烧至 6 成热，下入鸭块，煸至金黄色；
⑤ 下入冰糖、姜、葱、蒜、八角、白芷、桂皮、干辣椒、鲜辣酱、蚝油炒香；
⑥ 加入老抽、料酒上色，加入水、盐、胡椒粉调味；
⑦ 大火烧开转小火烧约 20 分钟，出锅盛入盘中；
⑧ 原汤中下入青杭椒、红杭椒、葱、蒜煸香；
⑨ 铺到鸭块上即可。

注意事项

1. 选用活麻鸭或土鸭，麻鸭初加工要干净。
2. 鸭块的改刀要大小均匀。
3. 掌握好油温。
4. 掌握色泽和烧制火候。

23. 鱼咬羊

传说清代徽州府有个农民带着四只羊乘渡船过江，由于舱小拥挤，一只羊被挤进了江里，鱼儿便蜂拥而至争食羊肉。有位渔民正驾小渔船从此处经过，见如此多的鱼在水面上乱窜，忍不住撒了一网。渔民把网收上岸拿到家后，觉得今天的鱼特别重，就用刀切开一条鱼的肚子，见里面满是羊肉。于是他将鱼洗净，封好刀口，连同鱼腹内的碎羊肉一道烧煮，结果鱼酥肉烂、不腥不膻、汤汁鲜美、风味独特。

操作视频

准备材料

主料： 鳜鱼 1500 克
配料： 羊后腿肉 400 克
辅料： 葱 10 克、姜 10 克、蒜 10 克、八角 2 克
调料： 盐 5 克、糖 2 克、胡椒粉 5 克、料酒 10 克、老抽 10 克、淀粉 20 克

制作步骤

①

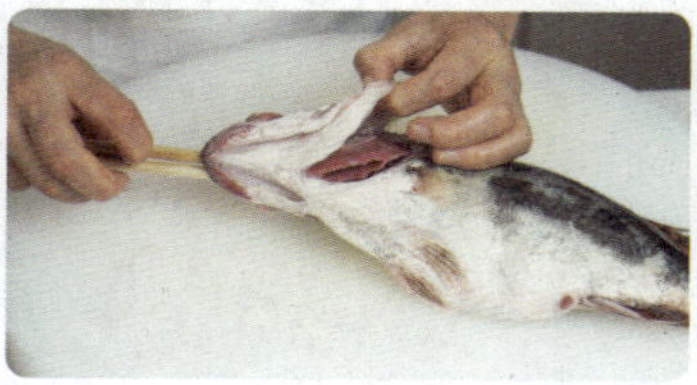
②

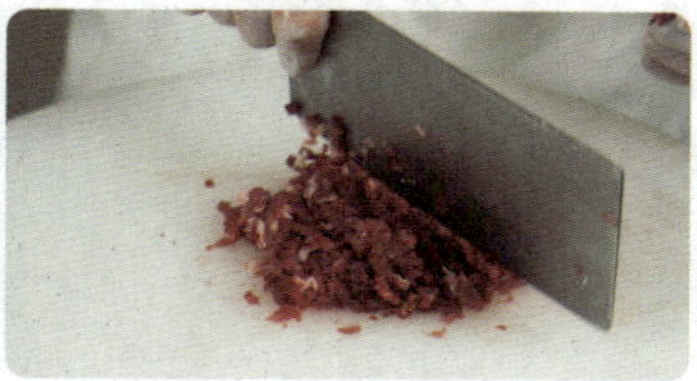
③

④

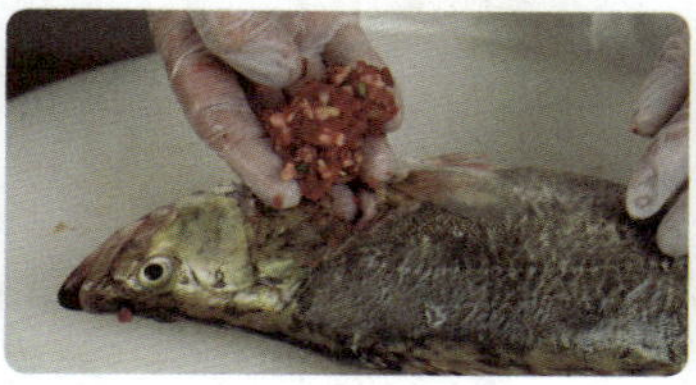
⑤

⑥

⑦

⑧

⑨

① 姜改刀切小粒，蒜改刀切粒，葱改刀切段和末；
② 用筷子去除鳜鱼的内脏；
③ 羊肉改刀剁成末；
④ 羊肉末中加入葱、姜，加入盐、糖、料酒、胡椒粉调味，下入淀粉搅拌；
⑤ 将羊肉末塞入鱼腹中；
⑥ 锅中置油，下入鳜鱼，煎至两面金黄；
⑦ 锅中置油，下入姜、蒜、葱、八角煸香；
⑧ 下入鳜鱼，烹入老抽，加入水、盐、糖、料酒，烧至成熟；
⑨ 拣去辅料，将鱼装盘，汤汁勾芡淋在鱼上，撒上葱花即可。

注意事项

1. 鱼头需洗净，去除黑膜。
2. 控制好烧制时间及火候。

24. 臭酱豆贴饼

皖北阜阳的臭酱豆，食之咸香，闻之“臭”味扑鼻，爱之者赞其香，厌之者怨其臭。臭酱豆贴饼采用优质小麦面粉和臭酱豆为原材料，经过精心的制作和烤制，口感酥脆，臭酱豆的香味和面饼的香味完美融合，让人们在品尝美食的同时也感受到浓郁的乡土气息。

操作视频

准备材料

主料： 臭酱豆 250 克
配料： 卤牛肉 50 克、面粉 500 克、腐乳 10 克
辅料： 葱 10 克、姜 10 克、蒜 10 克
调料： 黄椒酱 20 克、料酒 6 克、盐 5 克、糖 5 克、蚕豆酱 20 克、老抽 5 克、淀粉 20 克

制作步骤

①

②

③
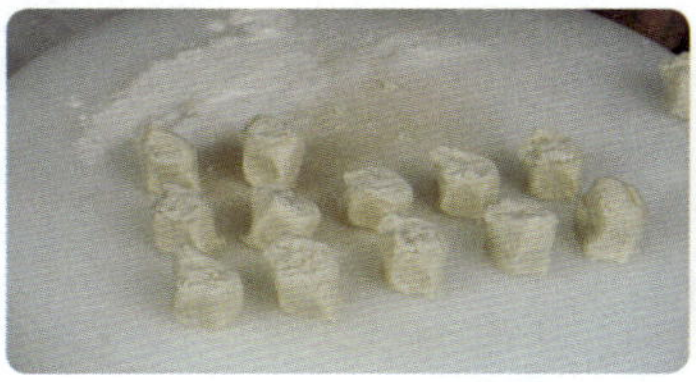
④

⑤

⑥

⑦

⑧

⑨

① 卤牛肉改刀切粒；
② 姜改刀切末，蒜改刀切末，葱改刀切末；
③ 面粉入碗中，加盐、水揉成面团；
④ 面团搓长条，下剂子，擀成薄饼；
⑤ 锅中不放油，下入面饼，煎至两面焦黄即可；
⑥ 锅中置油，下入黄椒酱、葱、姜、蒜、料酒，放入腐乳、蚕豆酱，煸炒出香味；
⑦ 下入臭酱豆、牛肉粒，翻炒后放入糖、老抽煸炒；
⑧ 加明油，淋入湿淀粉勾芡，翻炒；
⑨ 装盘。

注意事项

1. 饼的煎制要掌握火候，酥香、有壳。
2. 酱豆味汁不宜过咸。

25. 霸王别姬

相传，楚汉相争时，楚霸王身陷重围，情绪低落。为此，他的宠妃虞姬特地选用甲鱼和母鸡做成一道菜，供他饮酒消愁。这道菜流传到民间，经历代厨师不断完善，成了一道名菜。由于各地的食俗不同，霸王别姬的烹制方法也不同。

操作视频

准备材料

主料： 老母鸡 2500 克、甲鱼 600 克
配料： 冬笋 50 克、干香菇 20 克
辅料： 葱 10 克、姜 10 克、枸杞 5 克
调料： 盐 10 克、胡椒粉 5 克、料酒 10 克

制作步骤

①

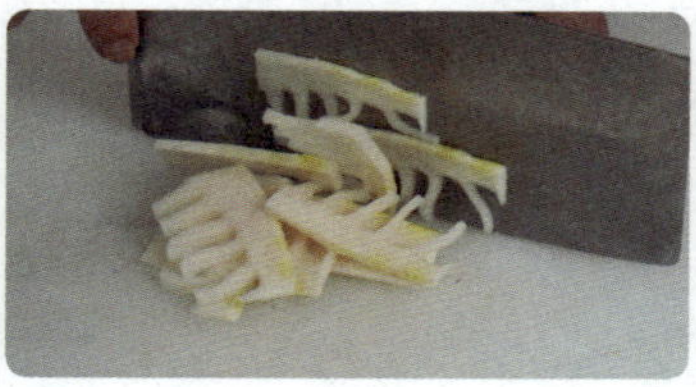
②

③

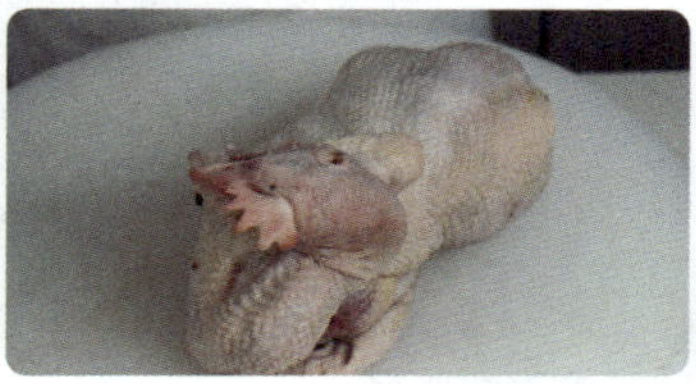
④

⑤

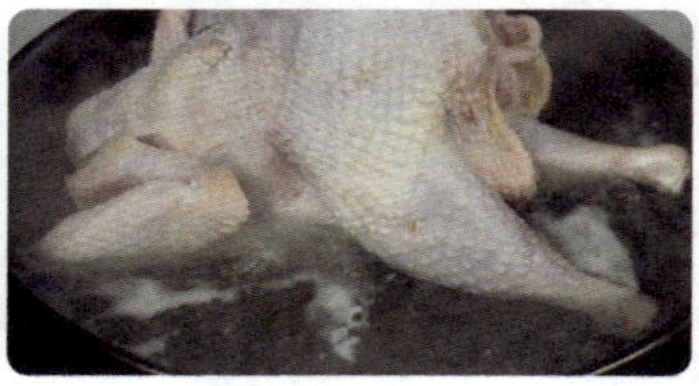
⑥

⑦

⑧

⑨

① 甲鱼用开水烫皮，撕去表面黑膜；
② 冬笋改刀切成片；
③ 香菇去蒂，姜改刀切成片；
④ 母鸡去腿爪，去除鸡屁股，将鸡翅膀插入嘴中；
⑤ 沸水中加料酒，将甲鱼焯至断生；
⑥ 母鸡入沸水锅中焯至断生；
⑦ 锅中置水，下入母鸡、甲鱼，投入姜、葱段，烹入料酒，煮至汤汁浓稠；
⑧ 下入香菇、笋片，调入盐、胡椒粉，大火烧 1 ～ 2 小时；
⑨ 撒入枸杞盛装即可。

注意事项

1. 母鸡要选择一年以上的，甲鱼最好是野生的。
2. 母鸡的初加工要干净、形态完整，甲鱼要去尽黑膜。
3. 掌握好炖制的时间、火候及调味。

26. 老任桥牛肉

老任桥牛肉出自固镇县任桥镇桥东村，历史悠久，风味独特。老任桥牛肉以优质牛肉为主要食材，经过精心烹制而成，口感鲜嫩，入口即化，肉质细腻，香气四溢。

操作视频

准备材料

主料：牛肋肉 500 克
配料：金针菇 100 克
辅料：花椒 5 克、干辣椒 5 克、葱 10 克、姜 10 克
调料：盐 6 克、糖 5 克、料酒 10 克

制作步骤

①

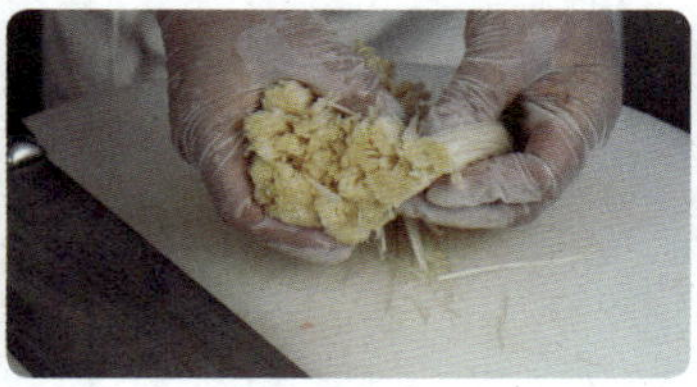
②

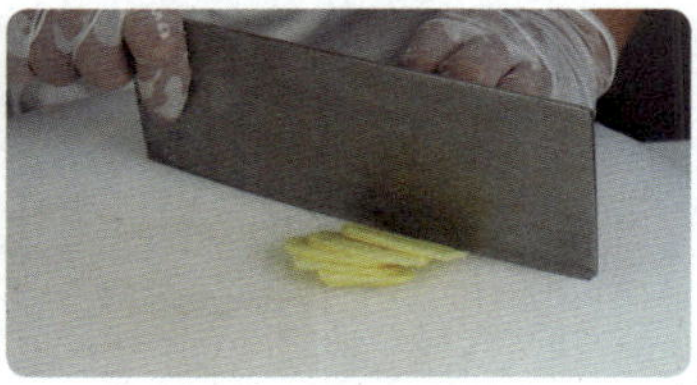
③

④

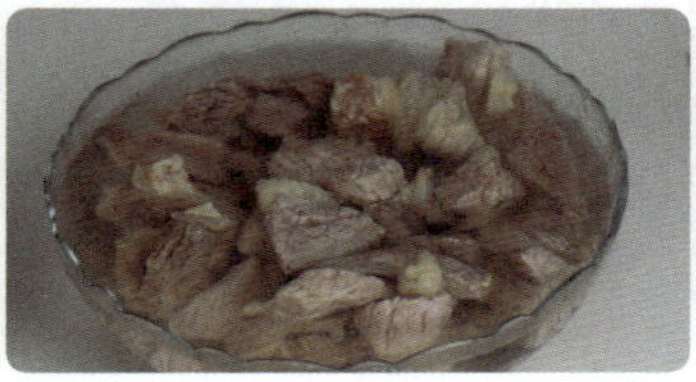
⑤

⑥

⑦

⑧

⑨

① 牛肋肉改刀切成厚条状；
② 金针菇切去根部，用手撕开；
③ 姜改刀切厚片，葱拍松；
④ 牛肋肉入冷水中加料酒、葱、姜浸泡，然后入锅中加料酒焯水；
⑤ 牛肋肉捞出过凉水；
⑥ 锅中置油，下入葱、姜、干辣椒、花椒煸香；
⑦ 加水，下入牛肉块，烹入盐、糖、料酒调味，大火烧开后转小火，烧 40 分钟至肉质软烂；
⑧ 清水中加油，下入金针菇煮 5 分钟，捞出后过凉水；
⑨ 金针菇装入碗底，倒入牛肉块，淋入原汤，撒上葱花即可。

注意事项

1. 要选优质上等的牛肋肉。
2. 掌握好炖制的时间。
3. 牛肉汤尽量保留原汁原味。

27. 万佛湖鱼头

万佛湖位于安徽省中部的舒城县，盛产各种水产品，其中花鲢鱼最为肥美。此菜选用万佛湖大花鲢，鱼头取下经煎炖至汤汁乳白，鱼肉取下经排剁、加水搅打揉成鱼丸，鱼丸和鱼头一起炖制，鲜香味美、风味独特。

操作视频

准备材料

主料：万佛湖花鲢鱼 2500 克（1 只）
配料：香菜 20 克、鸡蛋 160 克
辅料：葱 10 克、姜 5 克
调料：盐 6 克、胡椒粉 5 克、料酒 6 克、生粉 10 克、猪油 100 克

制作步骤

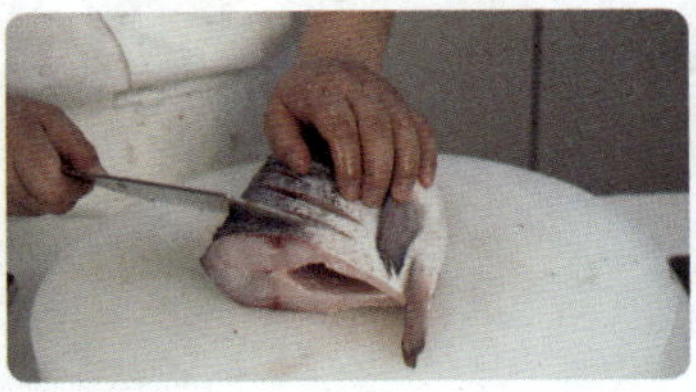
①

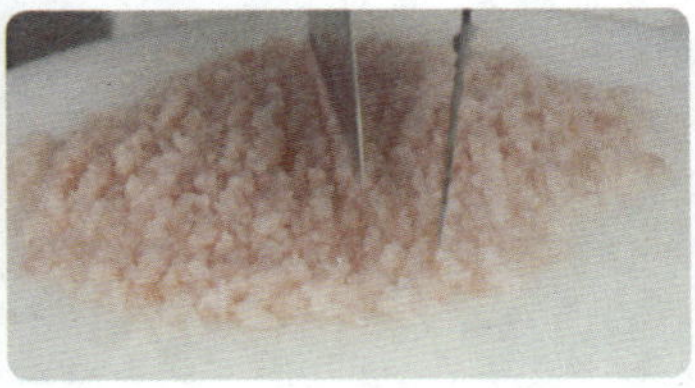
②

③

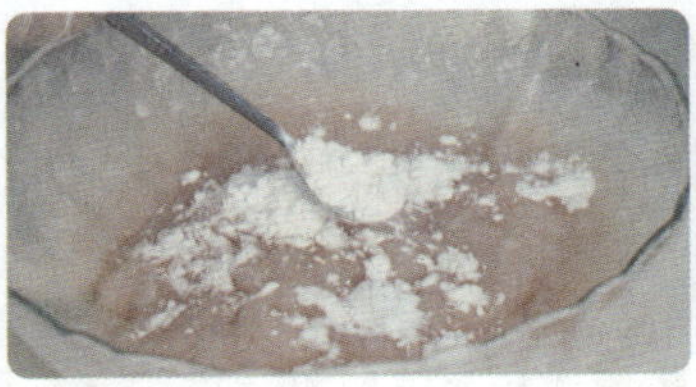
④

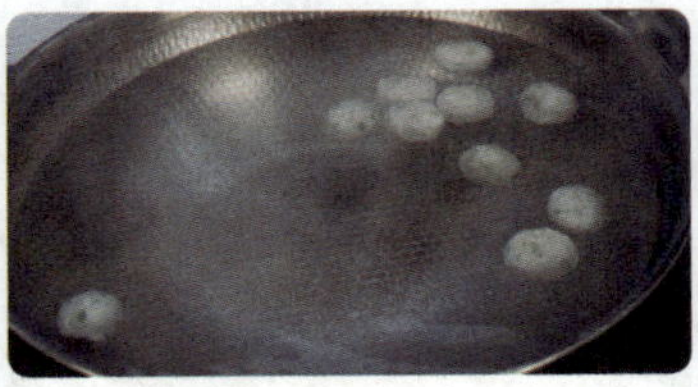
⑤

⑥

⑦

⑧

⑨

① 花鲢鱼头取下，改花刀；
② 取鱼肉，去大刺，去皮，去红肉，剁成鱼茸；
③ 香菜切末；
④ 鱼茸加料酒、盐搅拌，加蛋清搅拌，加生粉搅拌，加香菜末拌匀待用；
⑤ 将加工好的鱼茸挤成鱼丸，放入汤中氽熟；
⑥ 锅中置油，加盐，下入鱼头，两面煎至微黄取出；
⑦ 锅中加猪油，下入姜片，煸炒出香味，加开水，放入鱼头，放入葱结，大火炖至奶白色；
⑧ 打去浮沫，下入鱼丸，放入盐、胡椒粉调味；
⑨ 将鱼盛于砂锅中，倒入鱼汤烧开再炖 3 ～ 5 分钟，煎鸡蛋皮，改刀成丝，撒在鱼头上即可。

注意事项

1. 要选用新鲜的花鲢鱼。
2. 要用猪油大火炖，使汤汁口感浓厚。
3. 胡椒粉多放一些，去腥。

28. 葛粉蒸滑鸡

葛粉蒸滑鸡是一道黄山地方传统菜肴。这道菜不仅美味可口，而且富含多种营养成分。鸡肉富含蛋白质和氨基酸，可以提高人体免疫力，增强人体抵抗力。葛粉富含多种矿物质和维生素，可以有效调节人体机能，提高人体代谢能力。

操作视频

准备材料

主料： 土仔公鸡 800 克
配料： 青椒 20 克、红椒 20 克、葛粉 100 克
辅料： 葱 10 克、姜 10 克、蒜 10 克
调料： 盐 5 克、糖 3 克、胡椒粉 5 克、料酒 6 克、麻油 6 克

制作步骤

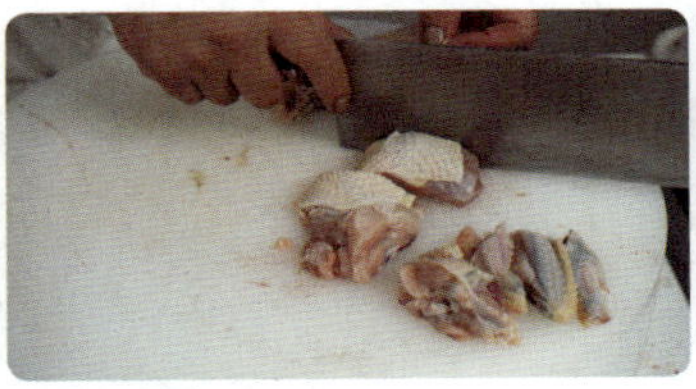
①

②

③

④

⑤

⑥

⑦

⑧

⑨

① 鸡肉改刀切块；
② 红椒去肉、改刀切成细丝，青椒去肉、改刀切成细丝；
③ 姜改刀切成末，蒜改刀切成末，葱改刀切成末；
④ 葛粉加水搅拌成糊状；
⑤ 鸡块放入碗中，加入盐、糖、胡椒粉、料酒，腌制 30 分钟；
⑥ 将下入葱、姜、蒜搅拌均匀，倒入麻油搅拌均匀，倒入葛粉糊搅拌均匀；
⑦ 将葱垫于盘底，将鸡块放在葱上；
⑧ 上笼蒸 20 分钟，蒸熟后装盘；
⑨ 点缀上青、红椒丝，淋上热油即可。

注意事项

1. 鸡肉上浆时，要打水进肉内。
2. 鸡肉上葛粉时要均匀，不能多。
3. 把握出品的色泽。

29. 中合汤

据传说，中合汤是由南宋著名诗人方岳所创。祁门籍的方岳在鄱阳为官，其衙署就坐落在鄱阳湖边。有来自婺源、祁门、至德的东河、中河、西河三条河流流入鄱阳湖，东、西两河河水浑浊，而中河河水清澈并盛产各种鱼虾。一次方岳回祁门老家，乘舟过中河时取网捞了虾晒干带回家。他爱吃豆腐，于是家人买来豆腐、猪肉等同虾共煮，味道非常鲜美。因其取材于中河，故名“中河汤”，后改名为“中合汤”，取“一团和气、和气生财”之意。

操作视频

准备材料

主料： 嫩豆腐 250 克
配料： 干香菇 10 克、猪肥瘦肉 50 克、河虾 10 克、火腿 30 克、鲜笋 50 克、鸡汤 1000 克
辅料： 葱 10 克、姜 10 克
调料： 盐 6 克、胡椒粉 5 克、料酒 10 克

制作步骤

①

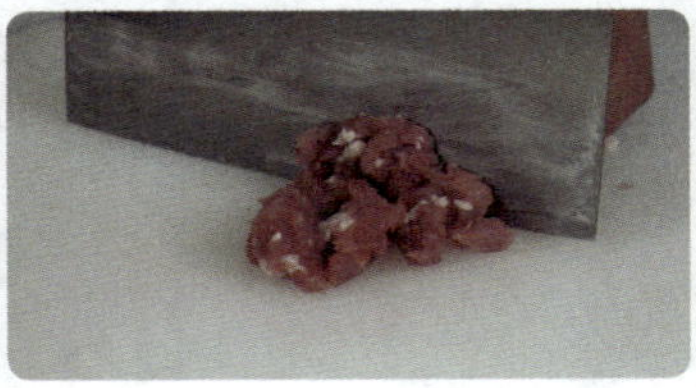
②

③

④

⑤

⑥

⑦

⑧

⑨

① 干香菇冷水泡发，火腿上笼蒸熟后改刀切丁，豆腐改刀切丁；
② 猪肥瘦肉改刀切丁，笋改刀切丁，香菇去蒂后改刀切丁；
③ 葱改刀切粒，姜改刀切粒，河虾去头、去爪；
④ 冷水下入笋、豆腐、香菇，焯水断生；
⑤ 开水下入河虾，加入料酒，焯水断生；
⑥ 锅中置油，下入肉丁、火腿丁煸香；
⑦ 下入姜、葱翻炒，下入鸡汤、笋、豆腐、香菇、河虾，大火烧开；
⑧ 烹入盐、胡椒粉调味；
⑨ 装盘，撒上葱花即可。

注意事项

1. 火腿本身有咸味，因而加盐要谨慎。
2. 改刀大小要基本一致。
3. 味型不要过咸，防止盖住原料本身的鲜味。

30. 火腿炖甲鱼

徽州当地多山、多溪、水清，所产甲鱼背褐腹青白、肉厚，俗称沙地鳖。火腿炖甲鱼是一道传统的徽菜，以甲鱼、火腿为主要原料，加入绍酒、清汤、香油、葱、姜等调料，用文火慢炖而成。这道菜鲜香四溢，甲鱼肉质酥软，火腿咸香浓郁，汤汁异常美味。

操作视频

准备材料

主料： 三年生态养殖甲鱼 1500 克（1 只）
配料： 火腿 100 克、冬笋 100 克、鸡汤 1500 克
辅料： 葱 15 克、姜 15 克、枸杞 3 克
调料： 盐 5 克、糖 3 克、胡椒粉 3 克、料酒 10 克

制作步骤

①

②

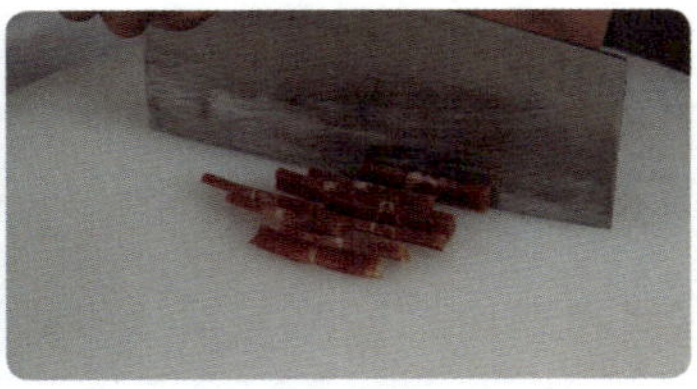
③

④

⑤

⑥

⑦

⑧

⑨

① 甲鱼入开水中汆烫，撕去黑膜，摘去黄油，改刀斩成小块；
② 笋改刀切滚刀块；
③ 火腿改刀切片；
④ 葱改刀切段，姜改刀切片；
⑤ 笋入冷水中焯至水开；
⑥ 甲鱼下入开水中，加料酒焯水；
⑦ 炖盅中放入甲鱼、笋、火腿、姜、葱、鸡汤，烹入盐、糖、胡椒粉调味；
⑧ 上笼蒸 2 ～ 3 小时；
⑨ 盛装后取出葱、姜，撒上葱、枸杞即可。

注意事项

1. 若无鲜冬笋可选罗汉笋。
2. 甲鱼斩块尽量大小一致，去尽血污及腥味物质。
3. 味型要调制好，汤要清。

31. 毛峰虾仁

黄山毛峰是黄山地区的名茶，同祁门红茶、太平猴魁并称为黄山“三茶”。春天采摘的嫩芽制成茶叶后，用开水一泡，热气绕碗一周，继而直线升腾，满室生香，尝一口有股香气直透心里，顿感浑身有劲、心舒眼明。经徽州厨师创新研发，将茶叶和当地河虾制成的虾仁共炒，使黄山毛峰的芳香渗透到虾仁之中，形成一种非常具有地方特色的徽州菜品。

操作视频

准备材料

主料：净虾仁 400 克
配料：黄山毛峰茶 5 克、鸡蛋 80 克
辅料：葱 10 克、姜 10 克
调料：盐 5 克、糖 5 克、淀粉 10 克

制作步骤

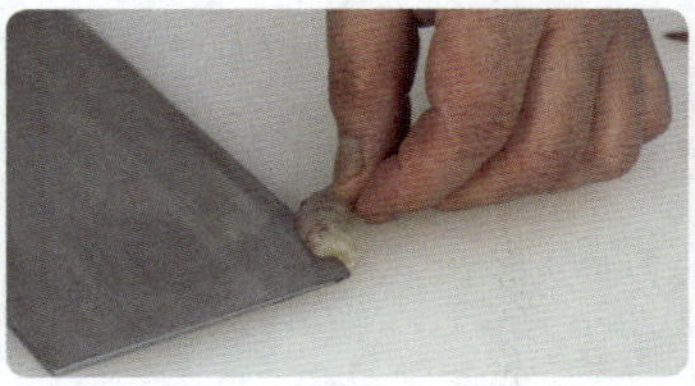
①

②

③

④

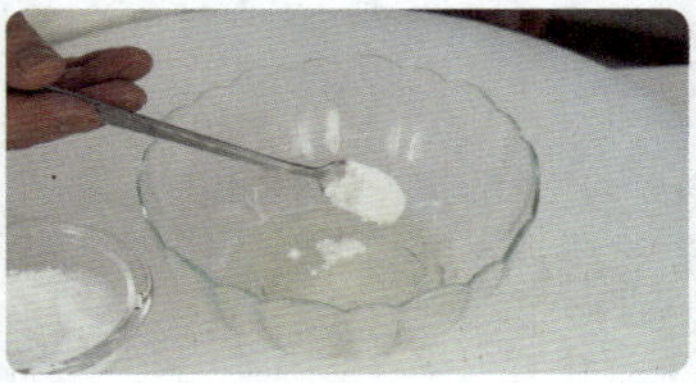
⑤

⑥

⑦

⑧

⑨

① 虾去壳，开背、去虾线，冲洗干净；
② 姜改刀成片，葱改刀成段；
③ 茶叶用水冲泡 5 秒，取出茶叶备用；
④ 虾仁加盐、蛋清、淀粉上浆；
⑤ 碗中加盐、糖、茶水调味汁，备用；
⑥ 净锅入油烧热，滑炒虾仁；
⑦ 锅中入油，煸姜片，下入调味汁；
⑧ 下入虾仁，加入葱段、茶叶翻炒；
⑨ 装盘。

注意事项

1. 把控好茶叶冲泡时间。
2. 把控好起锅芍芡。
3. 把控好虾仁的嫩度。

32. 问政山笋

准备材料

主料： 罗汉笋 1500 克
配料： 火腿 100 克、鸡汤 1000 克
辅料： 葱 10 克、姜 10 克、京葱 10 克、枸杞 3 克
调料： 盐 5 克、糖 3 克

制作步骤

①

②

③

④

⑤

⑥

⑦

⑧

⑨

① 笋改刀切成长 6～8 厘米的段；
② 火腿改刀切成长 4 厘米的片；
③ 姜改刀切片，京葱改刀切细丝；
④ 笋下入冷水锅中，焯至断生；
⑤ 捞出笋过凉备用；
⑥ 取砂锅，笋的边角料摆拼垫底；
⑦ 笋段盖面，火腿片盖面；
⑧ 加鸡汤炖 10 分钟；
⑨ 撒枸杞，放入盐调味，点缀京葱丝即可。

注意事项

1. 冬春选上好鲜笋，夏秋选保鲜罗汉笋。
2. 把控好味型。
3. 火腿有咸味，加盐要慎重。

33. 腌笃鲜

腌笃鲜，以其鲜美的味道和丰富的营养而闻名。相传清代商人胡雪岩十分喜爱吃家乡的黄山火腿，有一次款待左宗棠时用黄山火腿、春笋和猪肉一起炖制。后经过不断改良，腌笃鲜成为安徽名菜之一。腌笃鲜不仅味道鲜美，而且富含蛋白质、钙、铁等多种营养成分，对身体健康非常有益。

准备材料

主料： 罗汉笋 200 克
配料： 黄山火腿 150 克、五花肉 200 克
辅料： 姜 10 克、葱 10 克、蒜 10 克、枸杞 3 克
调料： 盐 3 克、糖 5 克、胡椒粉 5 克、料酒 10 克

制作步骤

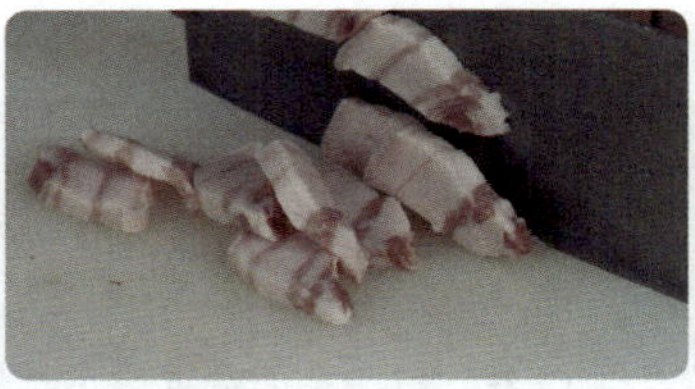
①

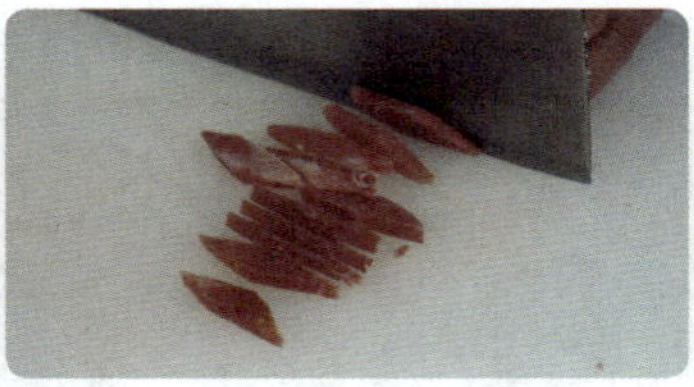
②

③

④

⑤

⑥

⑦

⑧

⑨

① 五花肉改刀切块；
② 火腿改刀切菱形片；
③ 笋改刀切滚刀块；
④ 姜改刀切片，葱改刀切段，整葱打成结；
⑤ 笋、火腿入开水锅中焯至断生，捞出过凉；
⑥ 五花肉入开水锅中焯至断生，捞出过凉；
⑦ 锅中置油，下入葱结、姜、蒜、五花肉，煸炒出香味，下入火腿、笋翻炒；
⑧ 加水后下入料酒、盐、糖、胡椒粉调味；
⑨ 炖煮 15 分钟后装盘，撒入枸杞、葱段即可。

注意事项

1. 夏秋可选保鲜罗汉笋，炖制时不要加盖并及时撇去浮沫。
2. 控制好水与原料的比例，控制好火候。

34. 秋浦鳜鱼

秋浦鳜鱼是安徽省池州市石台县的一道特色美食。这道菜选用当地的鳜鱼作为食材，肉质鲜嫩，口感细腻，香气扑鼻，是宴请宾客的一道佳肴。秋浦鳜鱼的独特之处在于配料的选择和烹饪技巧。当地的特产——香菜，是秋浦鳜鱼不可或缺的配料之一。香菜的香气能够增强鳜鱼的香气，为这道菜增添一份独特的味道。秋浦鳜鱼的营养价值非常高，富含蛋白质、维生素和钙、铁等多种营养成分，对人体健康大有好处。

操作视频

准备材料

主料：鳜鱼 650 克（1 条）
配料：石耳 30 克、香菜 10 克
辅料：葱 10 克、姜 10 克、枸杞 3 克
调料：盐 5 克、胡椒粉 3 克、猪油 30 克、料酒 5 克

制作步骤

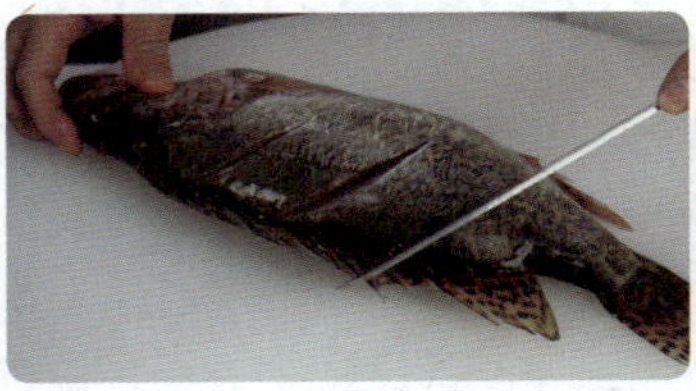
①

②

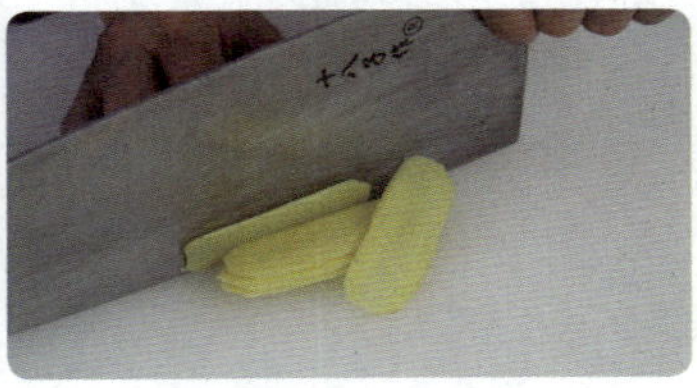
③

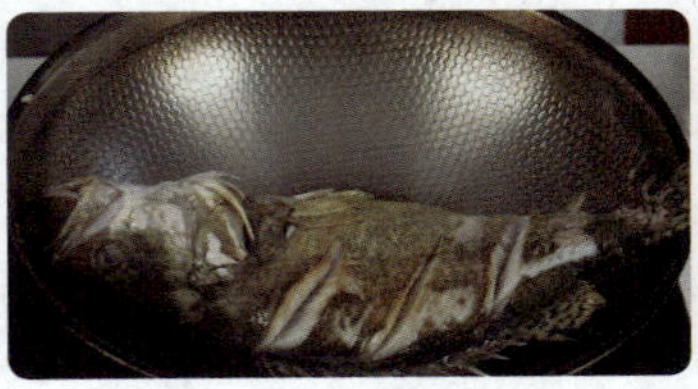
④

⑤

⑥

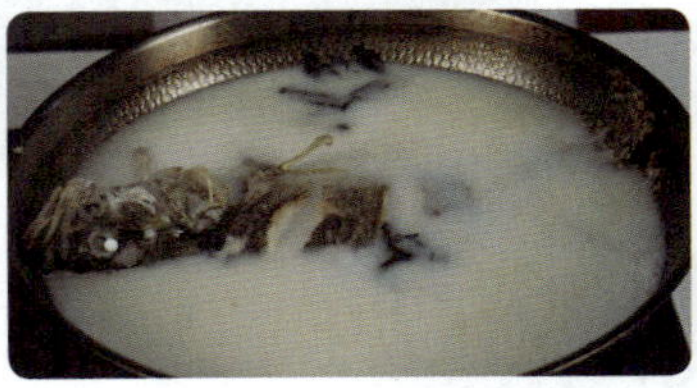
⑦

⑧

⑨

① 鳜鱼两面鱼身剞一字刀；
② 石耳用清水泡软，用盐搓揉洗净；
③ 姜改刀切片，葱改刀切段，香菜改刀切段；
④ 锅中下猪油烧化，下鳜鱼略煎两面至鱼皮收紧；
⑤ 下入葱、姜，加水、料酒，大火烧开；
⑥ 拣去葱、姜，放入盐、胡椒粉调味；
⑦ 下石耳略煮；
⑧ 装盘，摆上石耳；
⑨ 撒上枸杞、香菜即可。

注意事项

1. 最好加开水，汤容易变白。
2. 把控好火候和味型。

35. 葛粉烧软排

葛粉是徽州山区的特产。此菜选黑毛猪排与葛粉同烧，成菜别具风味、香味浓郁。葛粉烧软排是一道融合传统与创新的地方特色菜肴，结合了徽州的食材和烹饪“烧”的技法，不仅味道鲜美，而且营养丰富，既有软排的鲜美多汁，又有葛粉的清新滑爽，令人回味无穷。

操作视频

准备材料

主料： 软排 750 克
配料： 葛粉 400 克、青杭椒 10 克、红杭椒 10 克
辅料： 葱 5 克、姜 5 克、蒜 5 克、干辣椒 5 克、八角 3 克、桂皮 3 克
调料： 盐 6 克、糖 5 克、料酒 10 克、蚕豆辣酱 10 克、生抽 6 克、老抽 6 克

制作步骤

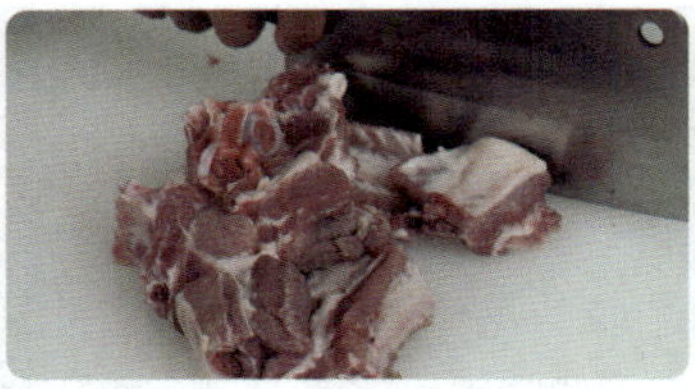
①

②

③

④

⑤

⑥

⑦

⑧

⑨

① 软排改刀切成段；
② 青、红杭椒改刀切成段；
③ 姜改刀切成小块，蒜改刀切成小块，干辣椒改刀切成段，葱改刀切成段；
④ 葛粉加水搅拌，放入盐制成面糊；
⑤ 锅中置油，下入葛粉糊，煎至两面焦黄，改刀切成菱形片状；
⑥ 软排放入沸水中，加入料酒焯至断生；
⑦ 锅中置油，下入姜、蒜、桂皮、八角、干辣椒、葱炒香，投入软排，烹入料酒、老抽、生抽、蚕豆辣酱翻炒上色；
⑧ 加入水，烹入盐、糖调味，小火慢炖至排骨成熟，挑出八角、桂皮，放入葛粉饼略烧，待汤汁收浓，撒入青、红杭椒略烧即可；
⑨ 盛装。

注意事项

1. 葛粉宜冷水溶解、旺火煎制，注意不要夹生。
2. 葛粉受热时间不宜过长。
3. 准确判断烹饪过程中原料的投放时间。

36. 火腿炖鞭笋

徽州四季皆有笋，唯有鞭笋胜冬春。火腿炖鞭笋选用新鲜的鞭笋和火腿为主要食材。鞭笋是一种非常稀有的食材，它有着独特的口感和香气，与火腿的完美搭配让这道菜更加美味可口。鞭笋的营养价值也非常高，富含膳食纤维和多种维生素；而火腿则是一种非常传统的食材，富含蛋白质、脂肪、钙、铁等多种营养成分。

操作视频

准备材料

主料： 鞭笋 400 克
配料： 黄山火腿 100 克、板油 10 克、筒骨 250 克
辅料： 姜 10 克、葱 10 克
调料： 盐 5 克、冰糖 5 克、料酒 10 克

制作步骤

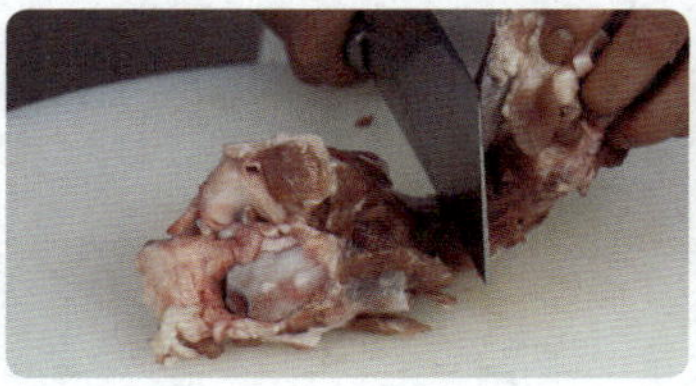
①

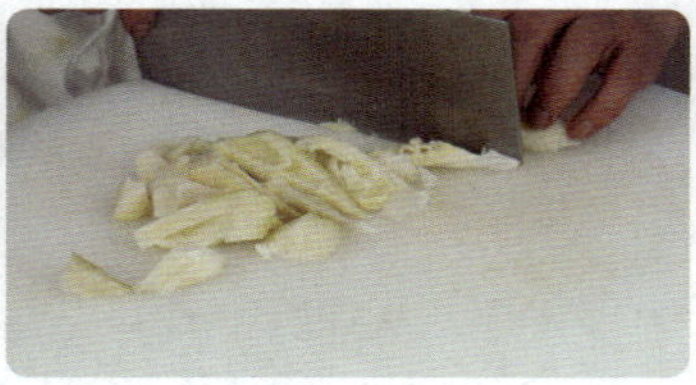
②

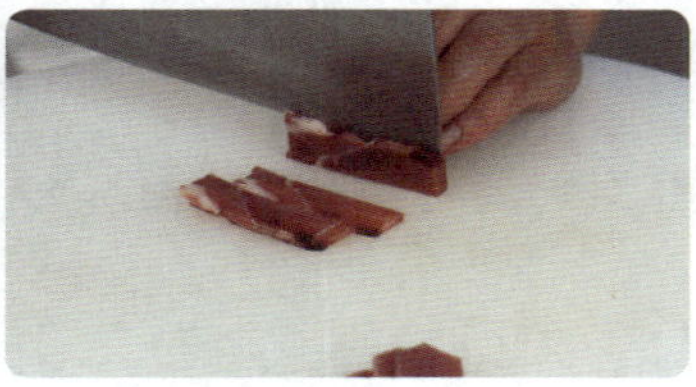
③

④

⑤

⑥

⑦

⑧

⑨

① 筒骨用刀背劈成两段；
② 鞭笋改刀切成滚刀块状；
③ 火腿改刀切成片；
④ 葱一部分打成结，另一部分改刀切成末，姜拍松；
⑤ 热水中下入筒骨，加料酒、葱、姜焯水；
⑥ 鞭笋和火腿焯水断生；
⑦ 冷水锅中放入筒骨、葱、姜、板油、料酒、冰糖、盐，大火烧开；
⑧ 下入火腿、鞭笋炖煮至汤白，撇去浮沫；
⑨ 将鞭笋放入砂煲底，覆盖上火腿，浇上汤汁，撒上葱末即可。

注意事项

1. 鞭笋嫩的为上品。
2. 煲笋的时间要掌握好，以 30 分钟为宜。
3. 收紧汤汁，使笋吸入鲜味。

37. 巢湖三绝

巢湖三绝是巢湖地区的地方风味菜肴，以花鲢鱼头、柴鸡爪、大河虾烹饪而成，成菜味道鲜美、酥嫩入味。巢湖菜肴在彰显自我个性的同时兼容并蓄，极具地方特色。

操作视频

准备材料

主料： 鲢鱼头 1000 克
配料： 鸡爪 300 克、大河虾 150 克
辅料： 葱 50 克、蒜 50 克、姜 30 克、香菜 10 克、花椒 5 克、八角 5 克、干辣椒 5 克
调料： 盐 5 克、糖 15 克、料酒 20 克、老抽 15 克、黄豆酱 15 克、辣椒酱 15 克、陈醋 5 克、红油 5 克、淀粉 20 克

制作步骤

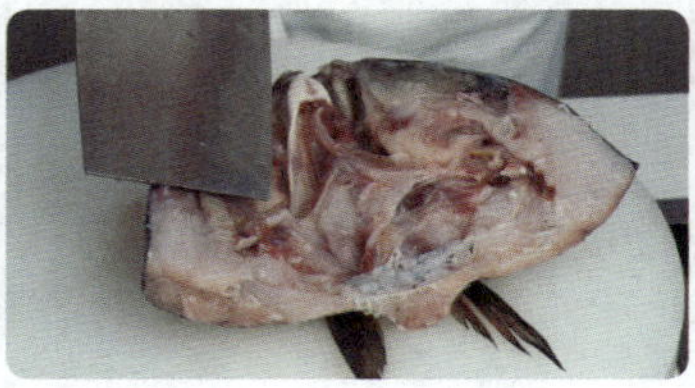
①

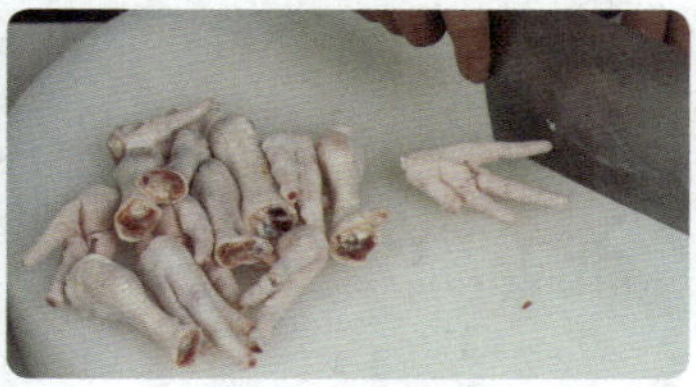
②

③

④

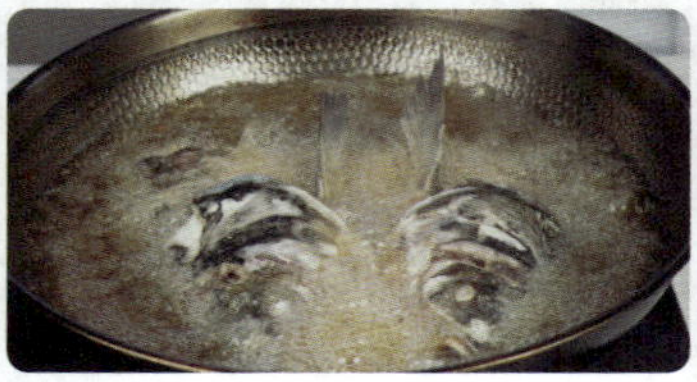
⑤

⑥

⑦

⑧

⑨

① 鱼头背面剖开，鱼皮相连，割一字花刀；
② 鸡爪斩去爪尖后斩两段，虾去须、前爪；
③ 葱改刀切成段，姜改刀切成片，干辣椒改刀切成段，香菜改刀切成段；
④ 鱼头两面拍淀粉；
⑤ 油烧至 5 ~ 6 成热，将鱼头炸至两面焦黄，捞出备用；
⑥ 鸡爪炸至微黄捞出备用，河虾炸松至金黄色捞出备用；
⑦ 锅中置油，放入蒜、姜、葱、花椒、八角、干辣椒、辣椒酱、黄豆酱炒香，放入鸡爪煸香，放老抽、料酒上色；
⑧ 锅中加水，放入鱼头，加盐、糖、陈醋调味，大火烧开后转小火焖烧 15 分钟；
⑨ 加入河虾、葱段、红油后即可装盘，撒上香菜。

注意事项

1. 注意鱼头不能炸散、炸破，要保持完整。
2. 把握好下料的顺序和调味。
3. 注意烹调的火候与时间。

38. 巢湖鱼片

巢湖鱼片是安徽省巢湖地区的一道传统名菜，以其鲜嫩可口、口感细腻而闻名。巢湖是中国知名的淡水湖，也是著名的生态旅游胜地，丰富的水产资源为制作巢湖鱼片提供了得天独厚的条件。巢湖鱼片肉质鲜美、入口即化，低脂肪、低热量，富含蛋白质等。

操作视频

准备材料

主料： 鲈鱼 750 克
配料： 鸡蛋 70 克、红椒 10 克、青蒜 10 克
辅料： 葱 10 克、姜 5 克、蒜 10 克、白芝麻 10 克
调料： 盐 3 克、淀粉 15 克、胡椒粉 3 克、料酒 6 克、蒸鱼豉油 8 克

制作步骤

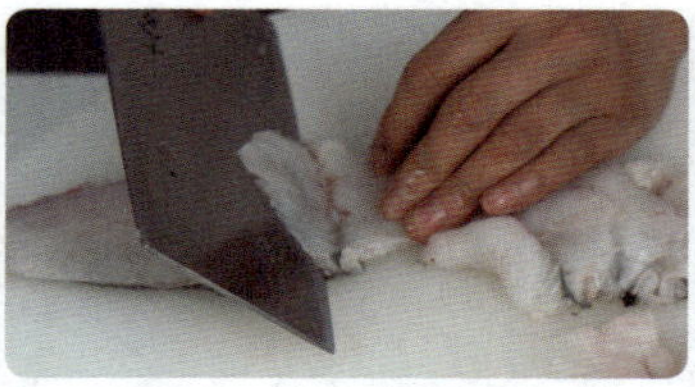
①

②

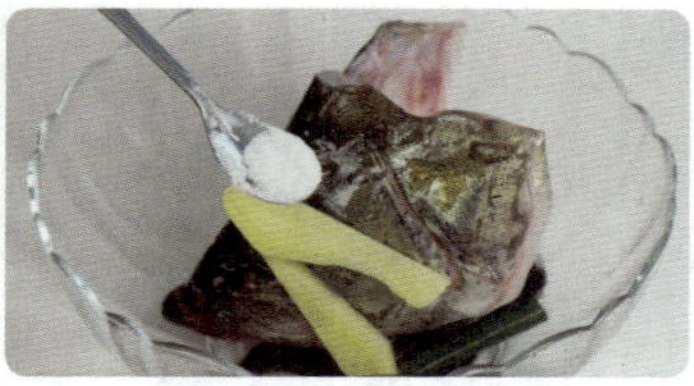
③

④

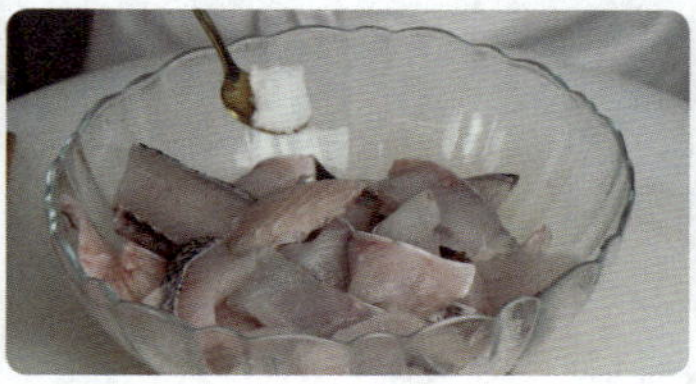
⑤

⑥

⑦

⑧

⑨

① 鲈鱼取下头尾，取带皮净鱼肉改刀成夹刀片；
② 红椒切小粒，青蒜切粒，葱切末，姜切片和末，姜片、葱段拍松，蒜切末；
③ 将鲈鱼头尾放入碗中，加入葱、姜、料酒、盐、胡椒粉码味腌渍 10 分钟；
④ 鱼片入水加葱、姜、料酒浸泡 10 分钟，沥水后挑出葱、姜；
⑤ 放入盐、料酒搅拌，加入鸡蛋清、淀粉搅匀；
⑥ 鱼头鱼尾上笼蒸 8 分钟；
⑦ 将腌好的鱼片放入沸水中，氽至成熟捞出；
⑧ 锅中置水，加蒸鱼豉油、盐调味，淋入盘中；
⑨ 撒入蒜末、葱花、青蒜、红椒、白芝麻，浇上热油即可。

注意事项

1. 宰杀鲈鱼时不要将鱼胆弄破，改刀要均匀，鱼片不宜太厚。
2. 码味时间要长。
3. 油温不可过高。

39. 萧县葡萄鱼

葡萄鱼是安徽传统名菜。淮北平原土地肥沃、气候温和，盛产葡萄。葡萄早先用于酿酒，唐代即有“葡萄美酒夜光杯”的著名诗句。在葡萄美酒的启迪下，淮北厨师独具匠心，经过多次实践，“葡萄鱼”脱颖而出。葡萄鱼是以青鱼为原料，经过改刀仿制成整串葡萄的形状横放在盘中，“葡萄”粒粒饱满、表皮酥松、肉质细嫩、酸甜可口、香味浓郁。

操作视频

准备材料

主料：草鱼 2000 克（1 条）
配料：鸡蛋 50 克、吉士粉 100 克、面包糠 200 克
辅料：葱 10 克、姜 10 克
调料：糖 50 克、盐 5 克、白醋 10 克、沙司 100 克

制作步骤

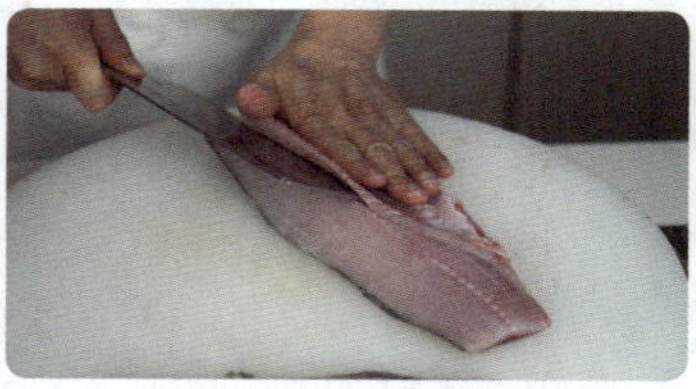
①

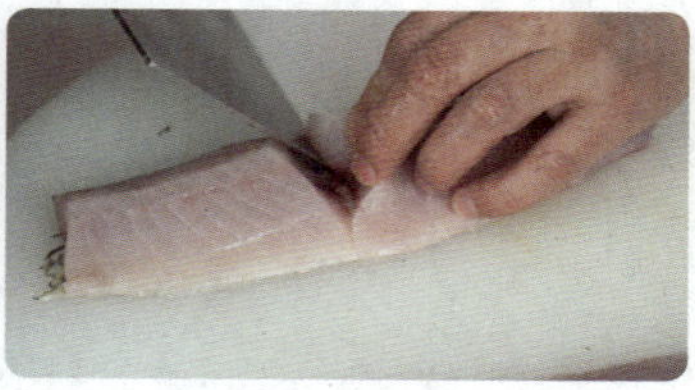
②

③

④

⑤

⑥

⑦

⑧

⑨

① 鱼去骨，取带皮净鱼肉两条，修成三角形；
② 在鱼肉面上剞十字花刀，皮不能断；
③ 葱切段和末，姜切片和末；
④ 鱼肉加姜、葱、盐腌制 20 分钟至入味；
⑤ 拣去葱、姜，加鸡蛋、吉士粉上浆；
⑥ 拍上面包糠；
⑦ 锅中置油，烧至 5 ～ 6 成热下入鱼，炸至金黄酥脆后捞出；
⑧ 锅中置油，放入姜、沙司、水、盐、糖、白醋、葱翻炒；
⑨ 将调制好的酸甜汁浇在鱼肉上即可。

注意事项

1. 做好鱼的初加工。
2. 鱼肉的取料要适当。
3. 控制好刀的深浅、刀距，保证鱼的花刀成形。
4. 控制好油温。

40. 五岔全鸡

这道菜是安徽传统名菜，也是安徽省级非物质文化遗产之一。五岔全鸡采用的是农家散养的土鸡，烹制过程需要经过多道工序，每个环节都要用心把握。这道菜不仅味道鲜美，而且营养丰富，富含多种氨基酸、维生素和矿物质。

操作视频

准备材料

主料： 土公鸡 2000 克
配料： 火锅底料 20 克
辅料： 葱 10 克、姜 10 克、蒜 10 克、香叶 3 克、草果 3 克、小茴香 5 克、干辣椒 5 克、花椒 5 克、青花椒 3 克、桂皮 3 克、八角 3 克、白芷 3 克
调料： 盐 10 克、糖 5 克、料酒 10 克、胡椒粉 10 克、老抽 10 克、生抽 10 克

制作步骤

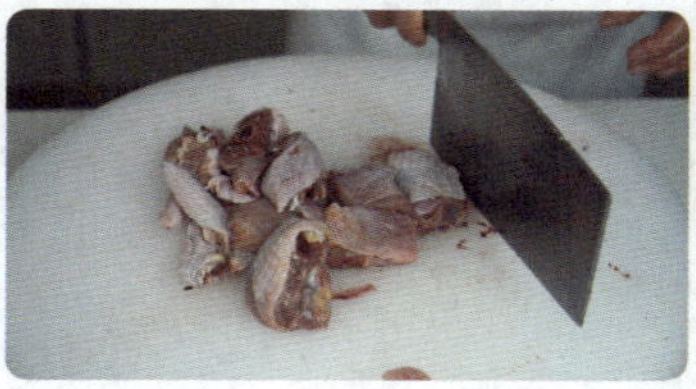
①

②

③

④

⑤

⑥

⑦

⑧

⑨

① 土公鸡改刀切成大块；
② 干辣椒切段；
③ 姜改刀切厚片，葱改刀切末；
④ 锅中置油，下入姜、蒜、青花椒、花椒、干辣椒翻炒；
⑤ 下入香叶、草果、小茴香、桂皮、八角、白芷煸炒出香味，下入火锅底料、鸡块翻炒上色；
⑥ 烹入料酒、生抽、老抽，调味上色；
⑦ 加开水，放入糖、胡椒粉烧制 30 分钟至鸡肉成熟；
⑧ 撒入盐，小火收汤汁；
⑨ 装盘后撒上葱末点缀即可。

注意事项

1. 土公鸡要选择一年半以上的。
2. 把握鸡块的炒制火候。
3. 掌握好调色和调味。

41. 葛粉糊

葛粉糊是一道营养丰富的传统美食，以葛根粉为主要原料，配以火腿、芹菜、五香茶干、冬笋煮制而成，口感细腻滑爽，既美味又健康。

操作视频

准备材料

主料： 葛粉 100 克
配料： 黄山火腿 20 克、芹菜 20 克、五香花生仁 10 克、五香茶干 20 克、冬笋 10 克
辅料： 葱 10 克、姜 10 克
调料： 盐 5 克、胡椒粉 5 克、糖 5 克

制作步骤

①

②

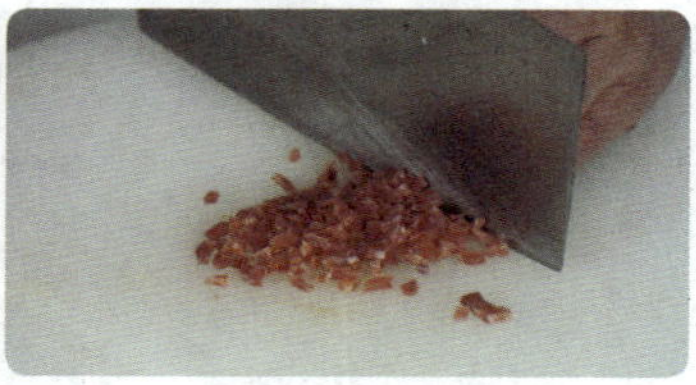
③

④

⑤

⑥

⑦

⑧

⑨

① 姜改刀切成丁，葱改刀切成末；
② 芹菜、五香茶干、冬笋改刀切成丁；
③ 黄山火腿改刀切成丁；
④ 五香花生仁碾碎；
⑤ 葛粉加水，搅匀成葛粉糊；
⑥ 锅中置油，烧至 3 成热左右下入姜、火腿丁煸炒；
⑦ 加开水，下入冬笋丁、五香茶干，水烧开后放入盐、胡椒粉、糖，撇去浮沫；
⑧ 倒入葛粉糊、芹菜、葱末煮 2 ～ 3 分钟；
⑨ 盛入碗中，撒入五香花生仁即可。

注意事项

1. 黄山火腿要煸炒。
2. 煮制过程中要用手勺翻动葛粉糊。
3. 煮制时间不宜过长。

42. 风干羊锅仔

安徽六安流行着这样一段民谣："叶家集，三大怪：麻秸墙，桩在外，鲜活的鱼炕了卖，一年四季羊肉菜。""一年四季羊肉菜"指的就是六安名肴"风干羊肉火锅"，或称"干锅风干羊肉"。风干羊肉色呈酱紫，肉质松酥，干而不柴，香鲜醇厚，没有膻味，食之颇有回味。

操作视频

准备材料

主料：风干羊肉 1000 克
配料：干千张 50 克、香菜 20 克
辅料：葱 10 克、姜 10 克、蒜 10 克、干辣椒 3 克、花椒 3 克
调料：盐 5 克、糖 5 克、老抽 6 克、黄豆酱 10 克、胡椒粉 3 克、豆瓣酱 10 克

制作步骤

①

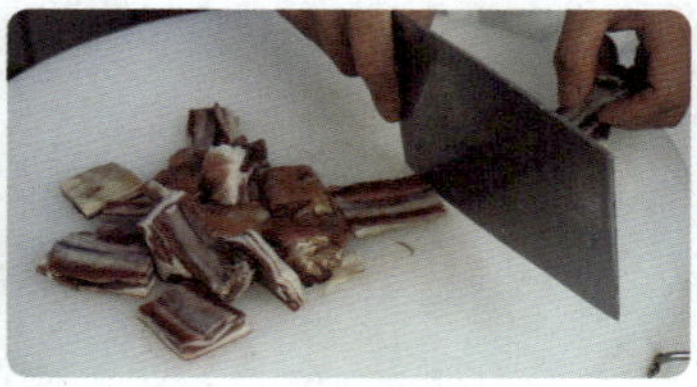
②

③

④

⑤

⑥

⑦

⑧

⑨

① 干千张泡发；
② 风干羊肉斩成块；
③ 香菜改刀切成段，葱改刀切成段，蒜改刀切成片，姜改刀切成片，干辣椒改刀切成粒；
④ 羊肉漂洗后浸泡 30 分钟，焯水，撇去浮沫；
⑤ 锅中置油，烧至 4 ～ 5 成热下入羊肉块；
⑥ 下入葱、姜、蒜、干辣椒、花椒、黄豆酱、豆瓣酱，煸炒出香味；
⑦ 放入料酒、老抽，加水，放入盐、糖、胡椒粉，大火烧开后转小火烧 30 分钟；
⑧ 干千张焯水断生，铺在铁锅底；
⑨ 加入羊肉，撒上葱段、香菜段即可。

注意事项

1. 羊肉的制作既要酥烂，又要有嚼劲。
2. 要准确判断出羊肉的成熟度。

43. 地锅鸡

地锅菜有着悠久的历史。过去，因为船上的条件有限，烹饪不是很方便，渔民们就取一小泥炉，炉上坐一口铁锅，下面支几块干柴生火，然后按家常的做法煮上一锅菜，还要贴满面饼，便产生了这种饭菜合一的烹调方法（地锅菜）。地锅鸡是以鸡肉为主要原料，鸡肉炖煮至软烂，锅边贴上手工面饼，饼借菜味，菜借饼香，汤汁较少，口味鲜醇，软滑与鲜香并存。

操作视频

准备材料

主料： 土公鸡 1000 克

配料： 面粉 200 克、香菜 50 克

辅料： 葱 20 克、姜 20 克、蒜 20 克、干辣椒 10 克、花椒 5 克、八角 10 克、桂皮 10 克、香叶 5 克

调料： 盐 5 克、糖 2 克、料酒 10 克、生抽 10 克、老抽 10 克、豆瓣酱 50 克

制作步骤

①

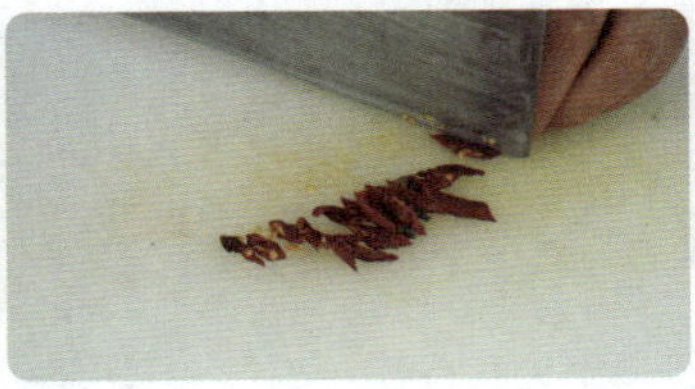

②

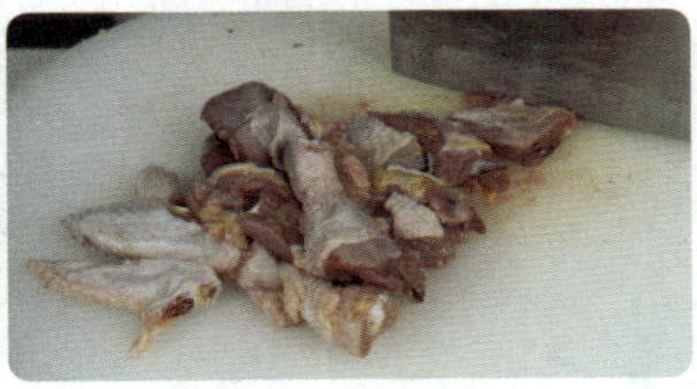

③

④

⑤

⑥

⑦

⑧

⑨

① 葱改刀切成段，姜改刀切成片，香菜改刀切成段；

② 干辣椒改刀切成段；

③ 鸡改刀切成大块；

④ 面粉加水，和成面团；

⑤ 锅中入油，放入姜、蒜、干辣椒、花椒、八角、桂皮、香叶、葱炒香；

⑥ 下入鸡块，加料酒、生抽、老抽、豆瓣酱炒上色；

⑦ 加水、糖、盐烧制 10 分钟；

⑧ 将面团贴在锅边上；

⑨ 加入鸡块，盖上盖子，烧制成熟，撒上葱花、香菜即可。

注意事项

1. 土公鸡要选择一年以上的。
2. 控制好面团的硬度，面饼不宜过厚。
3. 鸡块改刀大小应均匀。
4. 把握烧制的火候以及上色、调味、汤汁处理。

44. 滑羊肉

滑羊肉是一道色、香、味俱佳的传统美食。精选鲜嫩羊肉，经过精细切片与腌制，搭配山芋粉裹浆，肉质滑嫩无比。烹饪时，滑至成熟锁住肉香，佐以葱、干辣椒、花椒提味，色泽红亮诱人，口感细腻多汁。这道菜不仅营养丰富，而且味道鲜美。

操作视频

准备材料

主料： 羊肉 400 克
配料： 黑木耳 50 克、菜心 200 克、山芋粉 100 克
辅料： 葱 5 克、姜 5 克、干辣椒 5 克、花椒 5 克
调料： 盐 6 克、糖 5 克、料酒 10 克、生抽 5 克

制作步骤

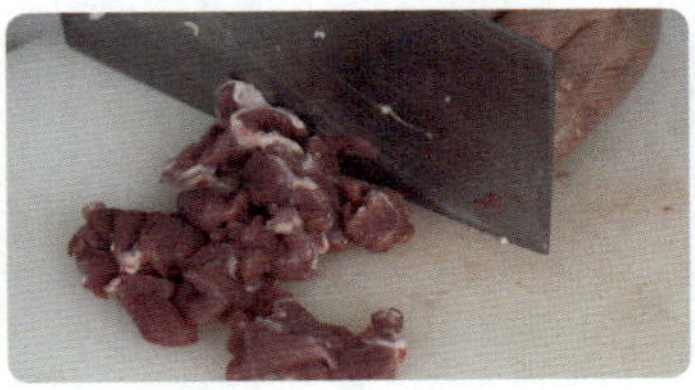

①

②

③

④

⑤

⑥

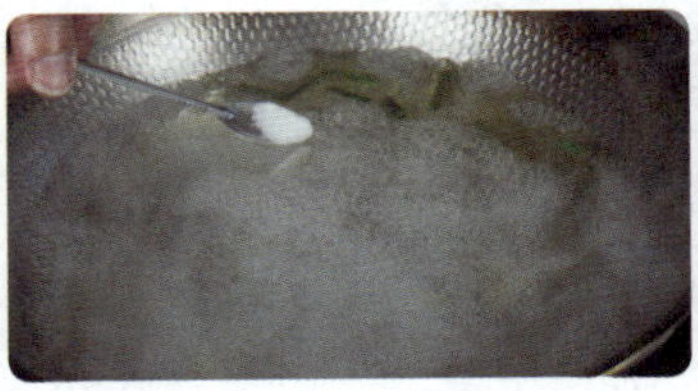

⑦

⑧

⑨

① 羊肉改刀切成薄片；
② 葱改刀切段，姜改刀切片，干辣椒改刀切段；
③ 菜心改刀成半；
④ 羊肉放入盐、料酒腌制 20 分钟；
⑤ 山芋粉加水搅匀，加入羊肉中上浆；
⑥ 沸水锅中加入盐、油调味，下入木耳氽至水开后盛装，菜心氽至断生；
⑦ 锅中置油，下入葱、姜炒出香味，加水烧开，加入盐、糖、料酒、生抽调味；
⑧ 下入羊肉滑至成熟；
⑨ 装盘，菜心围边，撒入干辣椒、花椒、葱段，浇上热油即可。

注意事项

1. 羊肉的选料不宜有过多筋，上浆加山芋粉。
2. 把控好羊肉片的厚度及上浆。
3. 掌握好氽制火候及调味。

代表名菜

45. 绩溪炒粉丝

绩溪炒粉丝是绩溪县的一道传统名菜，以优质粉丝和蔬菜为主要原料，经过精心烹制而成。这道菜色泽鲜艳、口感柔嫩，粉丝软糯、蔬菜脆爽，是一道非常美味的佳肴。

操作视频

准备材料

主料： 山芋粉丝（绩溪产）100 克
配料： 冬笋 100 克、五花肉 50 克、茶干 50 克、芹菜 50 克、青椒 10 克、红椒 10 克
辅料： 葱 10 克、姜 10 克、蒜 5 克、干辣椒 5 克
调料： 盐 3 克、糖 2 克、生抽 10 克、老抽 5 克、料酒 10 克

制作步骤

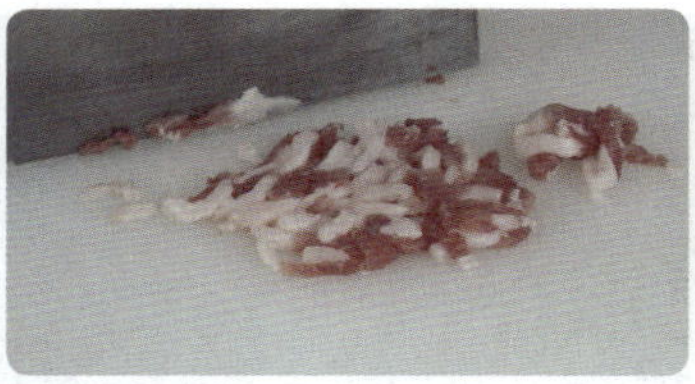
①

②

③

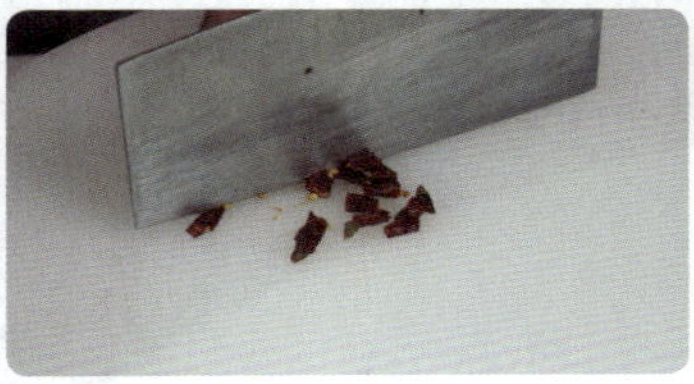
④

⑤

⑥

⑦

⑧

⑨

① 五花肉改刀切长丝；
② 芹菜改刀切段，青红椒去籽并改刀切丝，冬笋改刀切丝；
③ 茶干改刀切丝；
④ 葱改刀切段，干辣椒改刀切段，姜改刀切长丝，蒜改刀切片；
⑤ 粉丝用温水泡软，冬笋入冷水锅中焯水；
⑥ 锅中置油，下入肉丝，煸炒至肉丝发白，下入姜、蒜、干辣椒、葱炒香，烹入料酒、生抽、老抽上色；
⑦ 下入笋丝、茶干煸炒，加入水，下入粉丝炒软，放入盐、糖调味翻炒；
⑧ 下入芹菜、青椒、红椒，翻炒至成熟；
⑨ 装盘，撒上葱段即可。

注意事项

1. 选用正宗绩溪粉丝，泡 3 ～ 4 小时为佳。
2. 把握下料的顺序及火候。
3. 掌握色泽及味型。

46. 毛峰熏鲥鱼

鲥鱼产于长江下游，以当涂至采石一带横江鲥鱼味道最佳，被誉为“江南水中珍品”，为中国珍稀名贵经济鱼类。鲥鱼与河豚、刀鱼齐名，并称“长江三鲜”。这道菜以黄山毛峰为熏料，将经过调味、腌渍的鲥鱼置锅中熏制。毛峰是绿茶中的上品，香气浓郁，用它熏制出的鲥鱼，金鳞玉脂，油光发亮，茶香四溢，诱人食欲。

操作视频

准备材料

主料： 鲥鱼 750 克（1 条）
配料： 糯米 30 克、毛峰茶叶 25 克
辅料： 盐 3 克、糖 25 克、生抽 50 克、胡椒粉 15 克、料酒 10 克
调料： 葱 25 克、姜 25 克

制作步骤

①

②
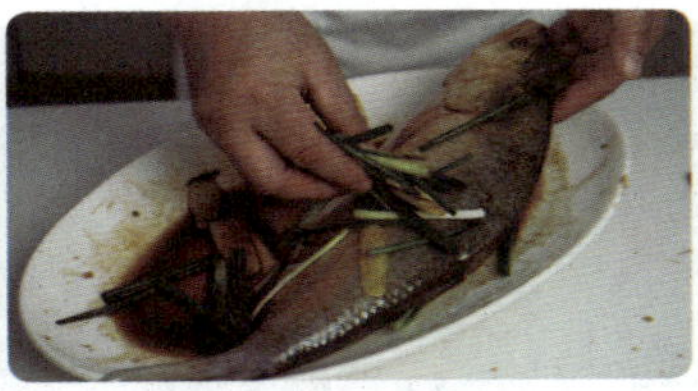
③

④

⑤

⑥

⑦

⑧

⑨

① 鲥鱼两面淋上料酒、生抽，两面撒上盐、胡椒粉；
② 摆入姜片、葱段，腌制 10 分钟；
③ 用葱、姜擦拭两面鱼身；
④ 大铁锅中放入糯米，加入糖，再撒上毛峰茶叶；
⑤ 放入箅子，铺上葱；
⑥ 把腌过的鲥鱼放在箅子上；
⑦ 加盖，旺火烧至冒浓烟；
⑧ 转小火熏 8 ～ 10 分钟；
⑨ 取出装盘即可。

注意事项

1. 鲥鱼不打鳞，因其含有丰富的鳞下脂肪，味道鲜美；如把鳞片去掉，则鳞下脂肪会遭到破坏，鲜味大失。

2. 控制熏制的火力大小和时间。

47. 歙味笋丝

歙味笋丝是以笋为主要食材的菜品，以其清脆爽口、鲜嫩多汁的特点而闻名。歙县有着独特的气候和环境，使得笋能够达到最佳的品质。笋富含蛋白质和多种维生素，对人体有很好的保健作用。歙味笋丝不仅美味，而且有很高的营养价值，同时，也是一种低脂低热的食物。

准备材料

主料：冬笋 500 克
配料：虾仁 30 克、火腿 15 克、小青菜 50 克、鸡汤 1000 克
辅料：葱 10 克、姜 10 克
调料：盐 5 克、料酒 10 克、麻油 10 克

制作步骤

①

②

③

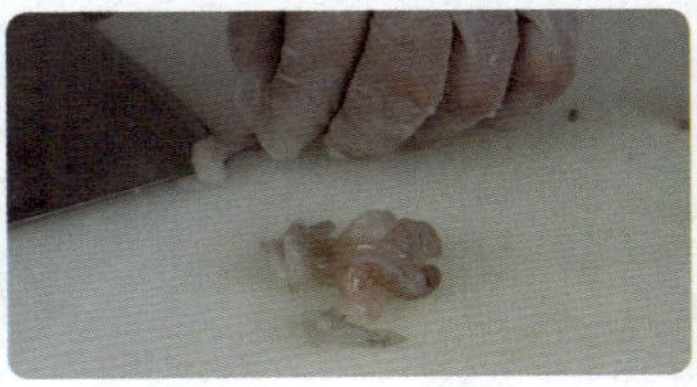

④

⑤

⑥

⑦

⑧

⑨

① 笋去隔层，改刀切成银针丝，用清水浸泡；
② 火腿改刀切成银针丝；
③ 姜改刀切菱形片，葱改刀切段和末；
④ 虾仁从背部划开；
⑤ 青菜取小菜心，根部削成菱形，分两半；
⑥ 开水锅中置油，下入笋丝、火腿、虾仁、青菜，焯水至成熟，捞出过凉；
⑦ 锅中置油，下入葱、姜，煸炒出香味，加鸡汤，捞出小料；
⑧ 下入盐、料酒调味，下入冬笋、火腿、虾仁；
⑨ 勾芡后装盘，青菜围边，撒上葱末即可。

注意事项

1. 笋应选择肉厚质嫩的。
2. 笋丝的刀工处理很关键。
3. 注意下料顺序及味型处理。

48. 泥鳅挂面

泥鳅挂面是合肥的一道美味“土菜”，选用鲜活的野生泥鳅，经加工、油煎后配以香料、辣椒、葱、姜炖煮，再下入挂面煮制，其风味独特，颇受食客的青睐。

操作视频

准备材料

主料：鲜活泥鳅 600 克
配料：手工挂面 300 克、香菜 30 克
辅料：葱 10 克、姜 5 克、蒜 5 克、干辣椒 3 克、花椒 3 克
调料：盐 6 克、糖 3 克、料酒 5 克、胡椒粉 3 克、蚕豆辣酱 10 克、菜籽油 30 克、猪油 30 克

制作步骤

①

②

③

④

⑤

⑥

⑦

⑧

⑨

① 锅中加入菜籽油、猪油，烧至 3 成热，下入葱、姜、蒜、花椒、干辣椒、蚕豆辣酱，煸炒出香味；
② 下入处理好的泥鳅；
③ 烹入料酒、胡椒粉，煎炒上色；
④ 加入开水，撇去浮沫，大火炖煮 20 分钟，调入盐、糖，拣去辅料，泥鳅捞起备用；
⑤ 将盐水挂面放入锅中煮开；
⑥ 将面捞起沥水，放入汤碗；
⑦ 将炖煮好的泥鳅放在面上；
⑧ 原汁调味，浇在挂面上；
⑨ 撒上香菜即可。

注意事项

1. 泥鳅要先活养 2～3 天，让其吐尽泥沙。
2. 煮泥鳅时水要一次加足。
3. 大火炖煮，让猪油乳化，蛋白质充分溶解于汤水中，这样汤汁更鲜美。
4. 去除泥鳅的腥味。
5. 火候要足，确保泥鳅炖煮至酥烂。

49. 珍珠圆子

安徽凤台县种植糯米的历史悠久，糯米具有含糖量高、黏度大、富含硒和锌等微量元素的特点。珍珠圆子又称“徽州圆子”，有“美好团圆、和和美美”的寓意。因外表糯米蒸熟，晶莹透亮、色泽洁白，形如珍珠，故称“珍珠圆子”。

操作视频

准备材料

主料：糯米 200 克、猪前夹肉 200 克
配料：马蹄 50 克、鸡蛋 50 克
辅料：葱 5 克、姜 5 克
调料：盐 10 克、淀粉 10 克、料酒 10 克、胡椒粉 5 克

制作步骤

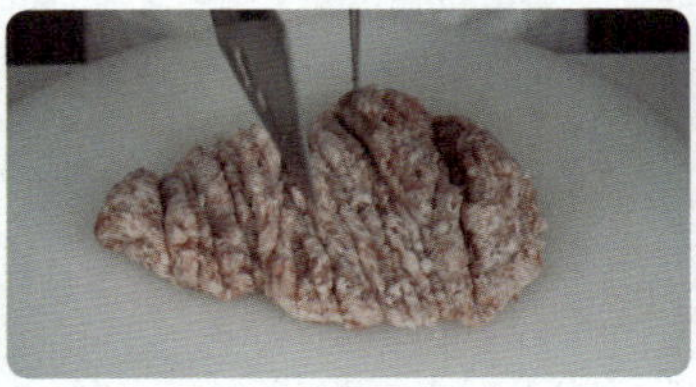
①

②

③

④

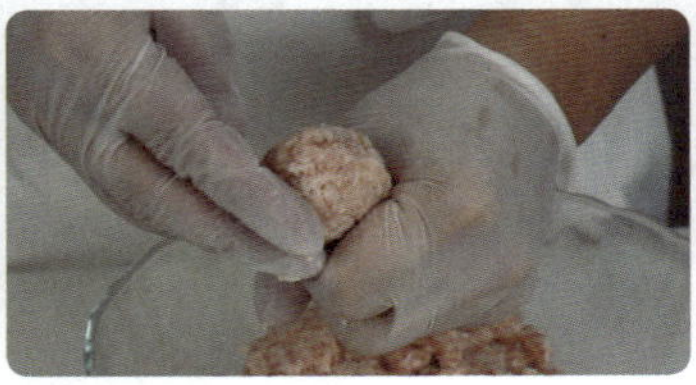
⑤

⑥

⑦

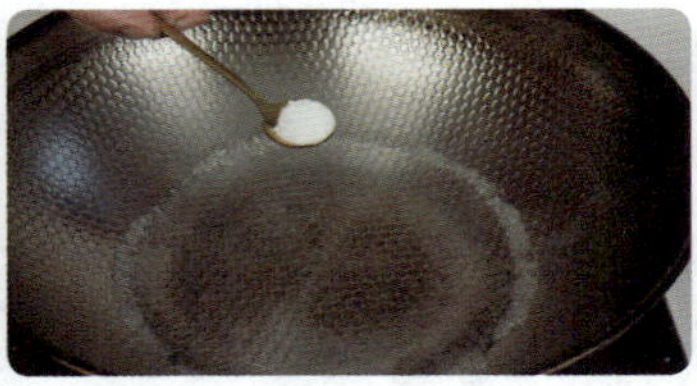
⑧

⑨

① 猪前夹肉去皮，改刀剁成末；
② 马蹄拍松，改刀剁成末；
③ 姜改刀切成末，葱改刀切成末；
④ 碗中放入肉馅，加入姜末、马蹄末、鸡蛋，烹入盐、胡椒粉、料酒调味搅拌；
⑤ 肉馅挤成直径 3 厘米左右的丸子；
⑥ 丸子滚上糯米，放入抹油的盘子里；
⑦ 糯米丸子上笼蒸 8 ~ 10 分钟，至成熟取出另装盘；
⑧ 锅中加汤，放入盐调味，加湿淀粉、明油勾芡，淋到丸子上；
⑨ 撒上葱花即可。

注意事项

1. 选用肥三瘦七或肥四瘦六的土猪肉。
2. 做好肉馅的上劲及调味。
3. 把控好打芡的浓度及调味。

50. 咸肉鳝节

徽州多山石溪流，水产丰富，人们取夏季的黄鳝和冬季没吃完的咸肉同烧，成品咸香浓郁、回味悠长，是一道非常有特色的风味菜肴。咸肉鳝节不仅味道鲜美，而且营养丰富。

准备材料

主料： 鳝鱼 600 克
配料： 咸肉 50 克、五花肉 75 克、香菇 10 克、冬笋 10 克
辅料： 葱 10 克、姜 10 克、蒜 10 克、干辣椒 3 克
调料： 盐 5 克、糖 5 克、胡椒粉 3 克、料酒 6 克、麻油 5 克、生抽 10 克、老抽 10 克

制作步骤

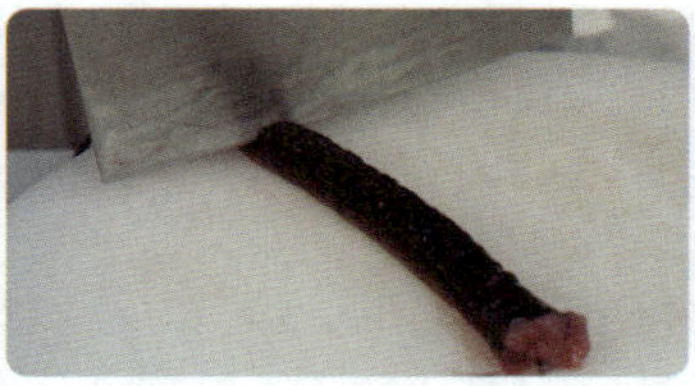
①

②

③

④

⑤

⑥

⑦

⑧

⑨

① 鳝鱼背部剞一字刀，改刀切段；
② 冬笋改刀切片，香菇去老根并改刀切片，五花肉改刀切片，咸肉改刀切片；
③ 干辣椒改刀切段，姜改刀切片，葱改刀切段；
④ 锅中置水，下入咸肉、香菇、笋片，加料酒焯水至断生；
⑤ 净锅加水，烹入料酒，下入鳝鱼，焯水至表皮无黏液；
⑥ 锅中置油，下入五花肉、干辣椒、葱、姜、蒜、咸肉、笋、香菇翻炒；
⑦ 下入鳝鱼，烹入料酒、老抽翻炒上色，加入开水，加入糖，焖烧 8 分钟；
⑧ 加盐、胡椒粉、麻油、生抽，翻炒调味；
⑨ 装入盘中，撒上葱段即可。

注意事项

1. 咸肉较咸，要泡去一部分咸味，调味时不能过早放盐。
2. 鳝鱼改刀切段后，去内脏。
3. 鳝鱼焯水的时间不宜过长。
4. 处理好调味及芡汁。

51. 铁板毛豆腐

相传朱元璋率部攻克古徽州时，驻扎在城南，喜欢吃当地的豆腐。有一次，因豆腐没有吃完，加上天气又热，豆腐上长了白色的绒毛，厨师试着炸制后烧，朱元璋吃后大加赞赏。后又改进工艺，口味更好，成为徽州名菜。铁板毛豆腐的口感鲜嫩爽滑，入口即化，特别是搭配上特制的酱料，更是让人回味无穷。

操作视频

准备材料

主料： 毛豆腐 500 克
配料： 五花肉 50 克、香菇 5 克、冬笋 50 克、洋葱 50 克、青杭椒 10 克、红杭椒 10 克
辅料： 葱 10 克、姜 10 克、蒜 10 克
调料： 盐 3 克、豆瓣酱 10 克、料酒 6 克、老抽 10 克、糖 5 克

制作步骤

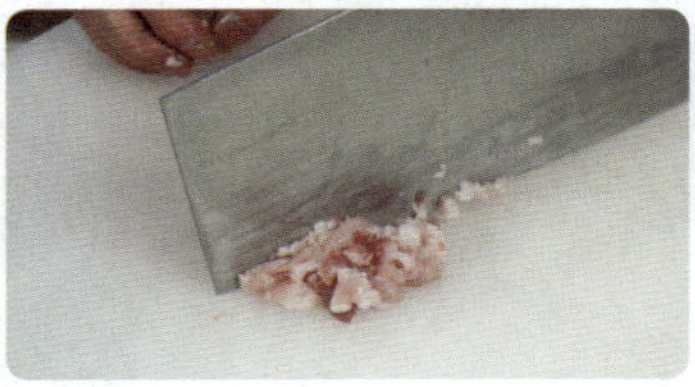
①

②

③

④

⑤

⑥

⑦

⑧

⑨

① 五花肉改刀切成粒；
② 香菇改刀切成粒，洋葱改刀切成宽丝；
③ 青、红杭椒改刀切成段，冬笋改刀切成粒；
④ 姜改刀切成粒，蒜改刀切成粒，葱改刀切成末；
⑤ 锅中置油，下毛豆腐煎至两面金黄；
⑥ 将洋葱铺在铁板上，将炸好的毛豆腐平铺在洋葱上；
⑦ 锅中置油，下入肉末煸炒；
⑧ 下入葱、姜、蒜炒香，烹入料酒，下入笋、香菇翻炒，加豆瓣酱炒匀，加水、盐、糖、老抽调味上色，勾芡后下入青、红杭椒翻炒断生；
⑨ 将炒好的原料浇在毛豆腐上即可。

注意事项

1. 汤汁要略多一些，以免放入铁板结底。
2. 毛豆腐要煎到两面金黄且不碎，颜色要均匀。
3. 注意烧制口味及色泽。

52. 黄山双石

操作视频

准备材料

主料： 石鸡 500 克
配料： 石耳 50 克
辅料： 葱 10 克、姜 10 克、蒜 10 克
调料： 盐 5 克、糖 5 克、料酒 20 克、胡椒粉 5 克

制作步骤

①

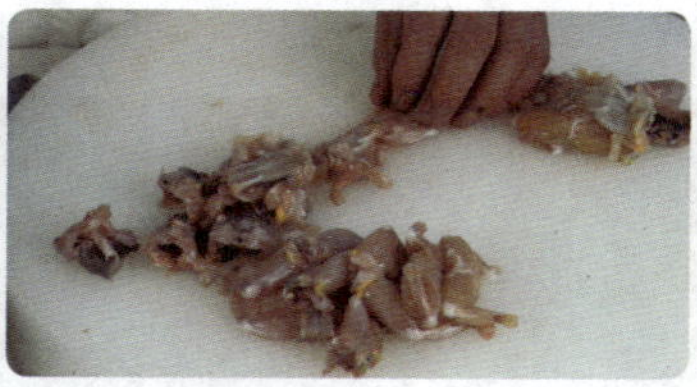
②

③

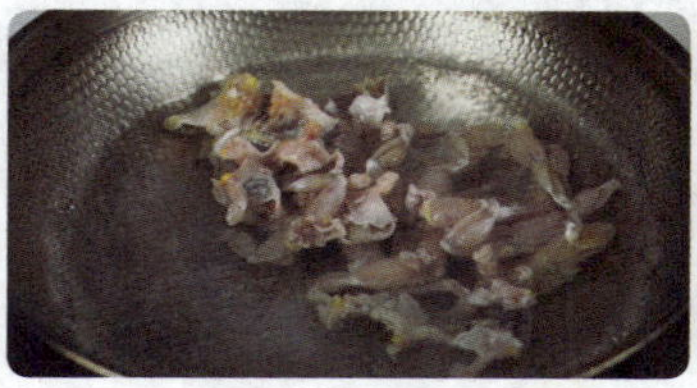
④

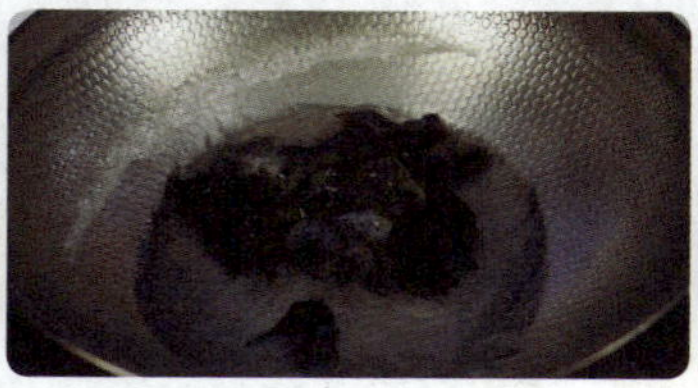
⑤

⑥

⑦

⑧

⑨

① 石耳加水浸泡至柔软，将发黄的一面加盐搓揉、清洗；
② 石鸡切去爪，改刀切成块；
③ 姜改刀切成片，葱一部分改刀切成段，一部分打成结；
④ 石鸡焯水至断生；
⑤ 石耳入凉水中煮至水开；
⑥ 锅中置油，下入葱节、姜、蒜煸香；
⑦ 加入水，放入石鸡、料酒、盐、糖、胡椒粉烧开；
⑧ 撇去浮沫，挑出葱、姜，下入石耳，大火煮开，下入葱段；
⑨ 盛装即可。

注意事项

1. 石耳用盐搓洗，要保持完整。
2. 石耳放入后不宜加热时间过长。
3. 保持石鸡肉质的鲜嫩。

53. 刀板香

相传胡宗宪返绩溪龙川时，途经歙县拜访恩师。为款待爱徒，胡宗宪的师母将家中的腌猪肉平铺于山笋上面，放置在刀板上一同蒸，再切成薄片，与刀板一同端上桌。胡宗宪吃完后胃口大开，将此菜命名为“刀板香”。刀板香，其意在刀板留香。把腌肉（或徽州火腿）切片，以腌笋打底放在樟木刀板上蒸熟，油腻皆被木板吸走，既保持了肉的咸鲜，又油而不腻。现在新做法也可与春笋一起放在砂锅里文火炖煮，煮熟后捞出切片装盘。

操作视频

准备材料

主料： 上等黑毛猪肉 500 克
配料： 京葱 10 克、红杭椒 10 克
辅料： 葱 10 克、姜 10 克
调料： 盐 5 克、糖 5 克、料酒 10 克

制作步骤

①

②

③

④

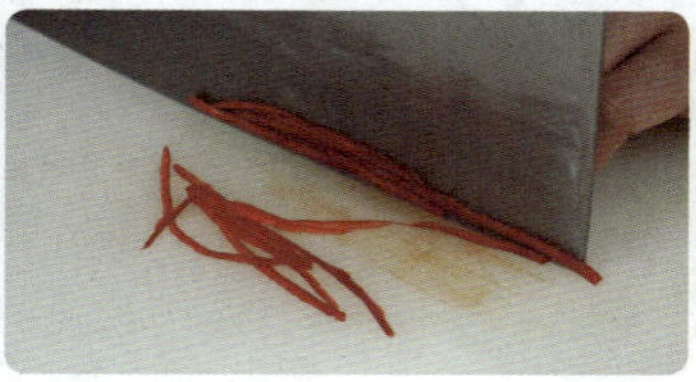
⑤

⑥

⑦

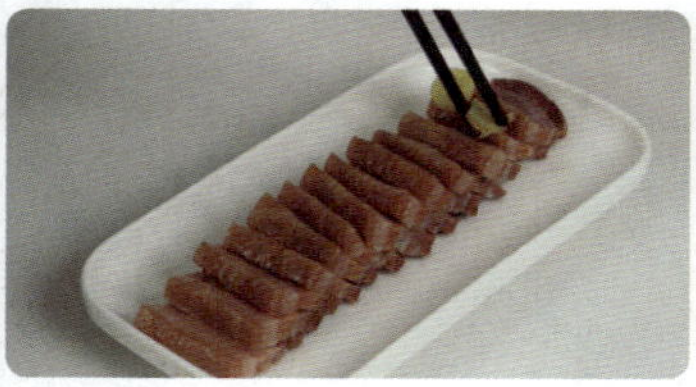
⑧

⑨

① 猪肉加入料酒、糖、盐，搓揉、腌制 40 天；
② 将腌制好的猪肉刮去表皮的细毛；
③ 用清水清洗，改刀切成厚片；
④ 葱改刀切长段，姜改刀切片，京葱改刀切长丝；
⑤ 红杭椒去籽、去筋，改刀切长丝；
⑥ 将猪肉码放在盘中，铺上姜片、葱段，淋上料酒；
⑦ 上笼蒸 20 分钟至肉质软糯、香味溢出；
⑧ 拣去葱、姜；
⑨ 点缀葱丝、红椒丝即可。

注意事项

1. 猪肉不宜焯水。
2. 把握蒸制时间，蒸制时间不能过长。
3. 把握好选料、腌制过程。

54. 洪武豆腐

洪武豆腐又名凤阳酿豆腐，是凤阳传统名菜，已有五百多年历史。传说明朝开国皇帝朱元璋（年号洪武）幼时，因家境贫寒，靠乞讨度日，一日在凤阳城内一家饭馆讨得一块“酿豆腐”，食后感到美味可口。后来，他当上皇帝后，时常想起家乡风味。厨师便依凤阳传统技法烧制，深得皇帝喜爱。

操作视频

准备材料

主料： 老豆腐 1000 克
配料： 鸡蛋 300 克、前夹肉 100 克
辅料： 葱 5 克、姜 5 克
调料： 盐 10 克、糖 5 克、胡椒粉 5 克、白醋 5 克、番茄沙司 20 克、料酒 10 克、淀粉 20 克

制作步骤

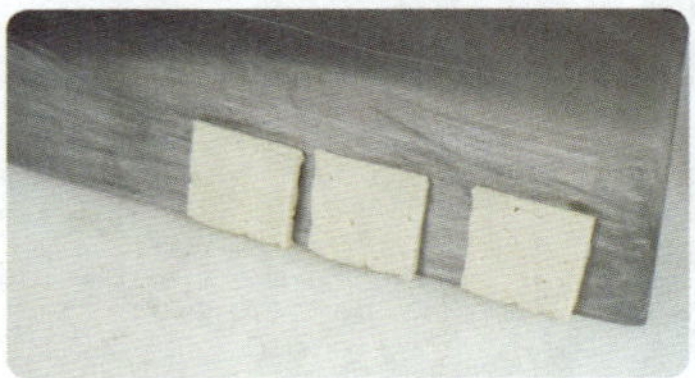
①

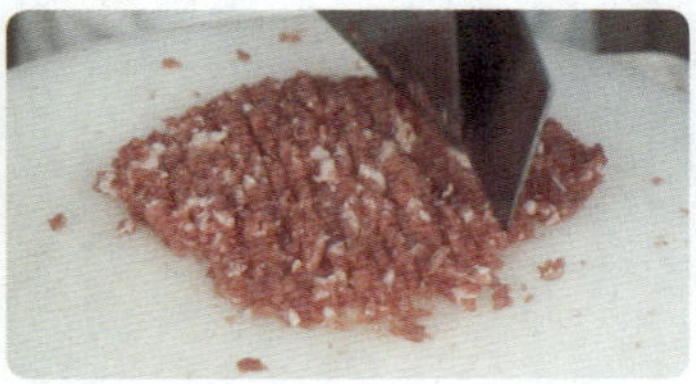
②

③

④

⑤

⑥

⑦

⑧

⑨

① 豆腐改刀成正方形；
② 前夹肉改刀切成末；
③ 葱、姜改刀切成末；
④ 肉末加葱、姜、料酒、胡椒粉、盐、糖搅拌；
⑤ 取蛋清搅打至发泡，加淀粉搅匀；
⑥ 豆腐一面撒上淀粉、铺上肉末，盖上豆腐片，裹上蛋泡糊备用；
⑦ 锅中置油，烧至 4 ～ 5 成热时下入豆腐，炸至表面金黄捞出；
⑧ 锅中置油，下入番茄沙司翻炒，烹入白醋、明油、糖、水淀粉勾芡；
⑨ 下入豆腐翻炒均匀，装盘即可。

注意事项

1. 豆腐制胚形状的大小要适当。
2. 掌握好馅的调制和口味的搭配。
3. 把控豆腐炸制的油温、菜肴芡汁的处理。

55. 馄饨老鸭汤

馄饨老鸭汤是一道安徽沿江的特色传统名菜，以鸭肉、馄饨和各种中药材为主要食材，汤汁澄清香醇，滋味鲜美，鸭脂黄亮，肉酥烂鲜醇。这道汤不仅美味可口，还有很好的滋补功效。

操作视频

准备材料

主料： 老鸭 1500 克
配料： 馄饨皮 150 克、肥瘦肉 150 克
辅料： 姜 10 克、葱 10 克、枸杞 5 克
调料： 盐 15 克、糖 10 克、胡椒粉 10 克、料酒 15 克

制作步骤

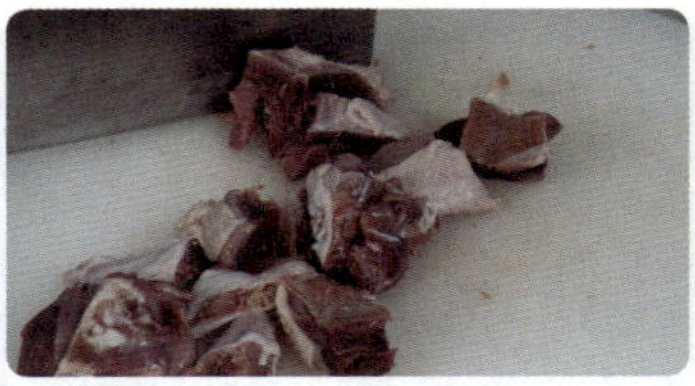
①

②

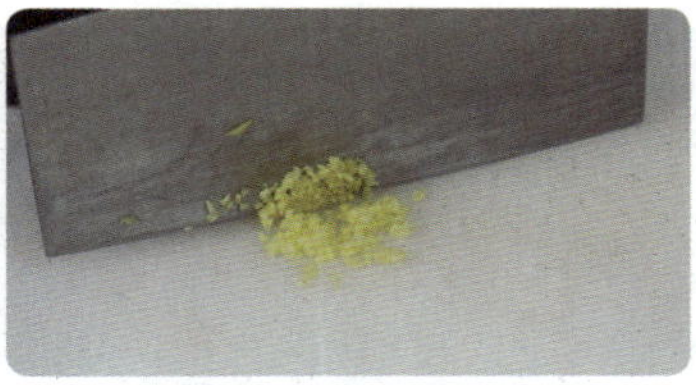
③

④

⑤

⑥

⑦

⑧

⑨

① 老鸭改刀剁成大块；
② 肥瘦肉改刀剁成肉末；
③ 姜改刀切成片和末，葱一部分打结，一部分改刀切成末；
④ 老鸭入锅中焯水，加料酒，撇去浮沫；
⑤ 焯好水的老鸭放入清水中，加葱结、姜片、料酒，大火炖至鸭肉酥烂；
⑥ 加入盐、糖调味；
⑦ 肉末中加入姜末、葱末、料酒、盐、糖、胡椒粉，搅拌均匀，加入适量清水，搅拌上劲；
⑧ 包馄饨；
⑨ 将馄饨下入鸭汤中，烧至成熟后放入枸杞，盛装即可。

注意事项

1. 老鸭要处理干净。
2. 掌握好炖制的时间和火候。

56. 三鲜烩捶肉

“捶肉”是皖西地区婚丧嫁娶宴席中必上的一道佳肴。此菜选用猪“腰子肉”或猪里脊肉，经切片、撒生粉，用擀面杖使劲不停地敲打，用力砸松肌肉纤维，再经汆熟，配以冬菇、冬笋、火腿，用高汤烩至而成。三鲜烩捶肉营养丰富，富含蛋白质、脂肪、碳水化合物、钙、铁、磷等多种营养成分，味道鲜美，色、香、味俱佳，让人垂涎欲滴。

操作视频

准备材料

主料：猪里脊肉 300 克
配料：香菇 50 克、竹笋 50 克、黄山火腿 50 克、鸡蛋 50 克、菜心 30 克
辅料：葱 10 克、姜 5 克
调料：盐 6 克、胡椒粉 2 克、麻油 3 克、淀粉 20 克

制作步骤

①

②

③

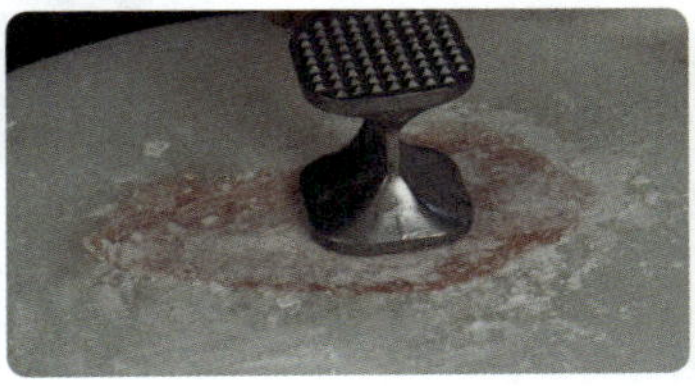
④

⑤

⑥

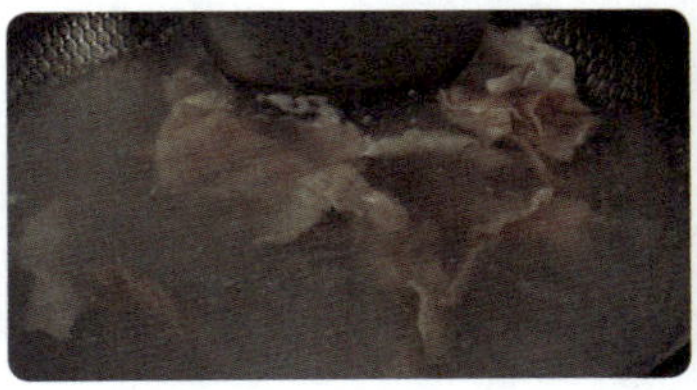
⑦

⑧

⑨

① 火腿改刀切成片，竹笋改刀切成片，香菇去蒂并改刀切成片；
② 里脊肉改刀切成大片；
③ 姜改刀切成片，葱改刀切成段；
④ 肉片撒上淀粉，轻轻捶松肉质，改刀切成小片；
⑤ 鸡蛋打散，锅中抹肥猪肉，下入蛋液，摊成蛋皮，改刀切成条；
⑥ 竹笋下入开水中，焯至断生后捞出过凉，香菇下入开水中，焯至断生后捞出过凉，菜心下入开水中，焯至断生后捞出过凉；
⑦ 将捶好的肉片下入开水中汆至漂起来，捞出过凉；
⑧ 锅中置油，下入姜片、葱段煸香，加水、盐、胡椒粉，下入竹笋、香菇、火腿、肉片烩至入味；
⑨ 用湿淀粉勾薄芡后盛装，用菜心围边，放入蛋皮、葱末装饰，淋麻油即可。

注意事项

1. 肉要新鲜。
2. 捶肉时用力要均匀，确保厚薄一致。
3. 控制好捶制的力度与汆制的时间。
4. 调味宜清淡，芡汁不宜太稠。

57. 竹笋炖猪手

古徽州多山，盛产竹笋，尤其冬笋最佳。每到过年，家家杀年猪，取猪蹄与现挖冬笋同炖，招待远方归来的游子。这道菜口感鲜嫩多汁，入口即化，竹笋的清淡爽口和猪蹄的绵密口感相得益彰。竹笋具有高蛋白、低脂肪、低糖分、多纤维等特点，对身体健康非常有益。

操作视频

准备材料

主料： 猪手 600 克
配料： 火腿 50 克、笋 300 克
辅料： 葱 10 克、姜 10 克
调料： 盐 8 克、胡椒粉 5 克、料酒 10 克

制作步骤

①

②

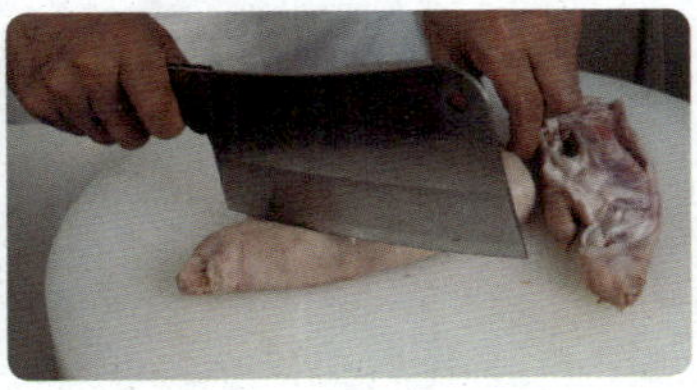

③

④

⑤

⑥

⑦

⑧

⑨

① 笋在冷水中浸泡 2 ～ 3 小时；
② 将泡好的笋撕成条状；
③ 猪手改刀斩大块；
④ 火腿改刀切厚片；
⑤ 姜改刀切片；
⑥ 冷水锅中下入姜、葱、猪手，烹入料酒，焯至水开，撇去浮沫，捞出备用；
⑦ 锅中置水，下入猪手、火腿、笋、葱、姜、料酒，大火烧开；
⑧ 加入盐、胡椒粉调味，烧至猪手软糯；
⑨ 盛装后撒葱段即可。

注意事项

1. 猪手指猪前蹄，要将毛去干净。
2. 笋以冬笋为佳，春笋次之，夏秋用罗汉笋。
3. 猪手要多焯几次水，去掉异味。
4. 注意炖制火候及味型。

58. 太白鱼头

相传诗人李白来歙县访友未果，在西干山寺边一家酒肆吃饭，但厨房菜已用尽，只剩一个鱼头、两块豆腐。店家就做了一个鱼头炖豆腐。李白品尝后赞不绝口。后人为纪念李白，将这道菜称为太白鱼头。

操作视频

准备材料

主料： 有机鳙鱼头 1500 克
配料： 豆腐 500 克、黄山火腿 200 克、肥猪肉 50 克
辅料： 葱 10 克、姜 10 克、蒜 10 克、京葱 20 克、枸杞 3 克
调料： 盐 10 克、糖 6 克、矿泉水 1000 克、胡椒粉 3 克、料酒 5 克

制作步骤

①

②

③

④

⑤

⑥

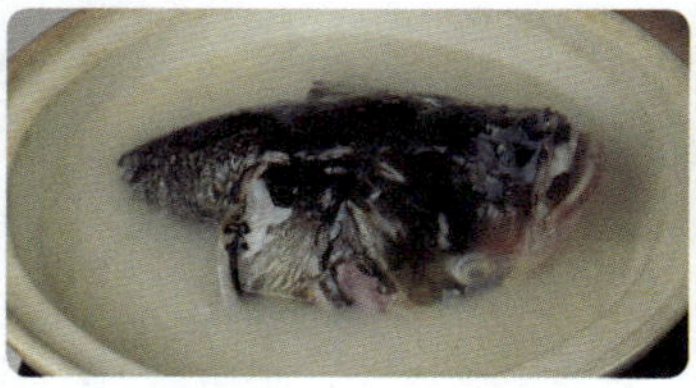
⑦

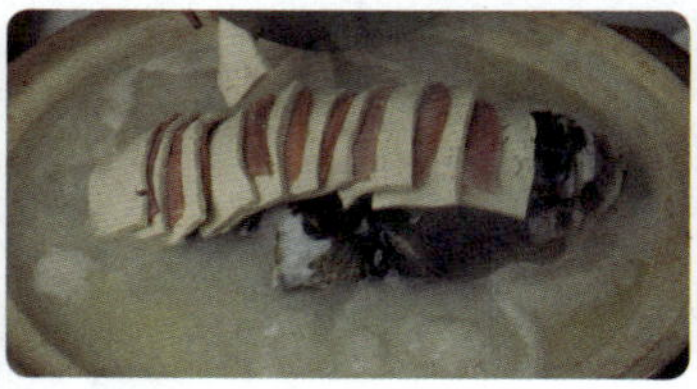
⑧

⑨

① 鱼头剖开不切断，豆腐去皮后改刀切片；
② 京葱改刀切段，姜改刀切片，葱改刀切段；
③ 肥猪肉改刀切片，火腿改刀切片；
④ 豆腐和火腿焯水断生；
⑤ 锅中置油，下入鱼头，煎制 2～3 分钟后放入砂煲中；
⑥ 锅中置油，下入肥猪肉，出油后下入京葱、姜片煸香，加入矿泉水，烧至成白汤；
⑦ 将白汤倒入砂煲中，加盐、糖、胡椒粉调味，烧开后撇去浮沫；
⑧ 依次摆入豆腐、火腿，炖煮 10 分钟；
⑨ 撒入枸杞、葱段即可。

注意事项

1. 鱼头要选择新鲜鳙鱼头，而且要去净鳞、牙、血等。
2. 注意加工的顺序。
3. 掌握好汤色与火候。

59. 石耳豆腐丸

古徽州多山石、溪流，石耳、石鸡、石鱼是当地特色美食原料，俗称“黄山三石”。石木耳，因其形如耳，故称石耳，是一种药食两用的滋补食材。石耳是一种高营养、低热量的食品，富含蛋白质、糖类、钙、铁等多种营养成分。豆腐是一种低脂肪、低热量的食品，富含钙质，有助于骨骼健康。

操作视频

准备材料

主料： 豆腐 1200 克
配料： 猪前夹肉 300 克、上海青 300 克、干石耳 20 克、鸡汤 1000 克
辅料： 葱 10 克、姜 10 克、枸杞 3 克
调料： 盐 10 克、糖 10 克、胡椒粉 5 克、料酒 10 克

制作步骤

①

②

③

④

⑤

⑥

⑦

⑧

⑨

① 石耳放入冷水中浸泡，用盐搓洗去沙；
② 豆腐用刀挤压碾碎；
③ 上海青改刀切半，葱改刀切成末，姜改刀切成末，枸杞放入冷水中浸泡；
④ 猪前夹肉改刀斩成末；
⑤ 碗中放入肉馅，加葱、姜搅匀，加入料酒、盐、糖调味，加水、胡椒粉搅拌，放入豆腐搅匀，挤成丸状；
⑥ 将豆腐丸下入开水中，氽熟定型；
⑦ 上海青入沸水中焯水；
⑧ 锅中加入鸡汤，放入盐、糖、胡椒粉调味，下入豆腐丸、石耳、上海青烧开；
⑨ 盛装，撒入枸杞即可。

注意事项

1. 选用石膏豆腐，以含水量较少为佳。
2. 豆腐要吊去水分，肉馅一定要上劲后再加豆腐上劲。
3. 掌握好豆腐丸的制作及氽制火候。

60. 葛粉圆子

葛粉圆子是徽州传统名吃。葛是徽州常见的一种野生藤类植物，有开胃、下食、解毒的作用，是一种亦药亦食的植物。取葛根部捣碎取粉，可以做羹、点心或菜肴。葛粉圆子不仅味道鲜美，还有很高的营养价值。

操作视频

准备材料

主料： 葛粉 250 克
配料： 五花肉 50 克、咸肉 40 克、五香茶干 20 克、冬笋 20 克、香菇 10 克
辅料： 葱 10 克、姜 10 克
调料： 盐 10 克、料酒 10 克、淀粉 20 克、糖 10 克

制作步骤

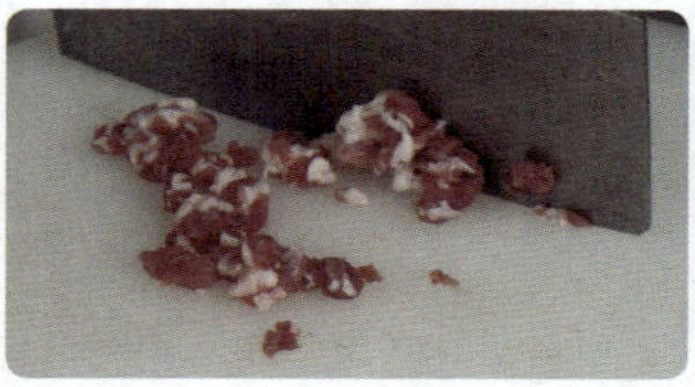
①

②

③

④

⑤

⑥

⑦

⑧

⑨

① 五花肉改刀切成粒，咸肉改刀切成粒；
② 五香茶干改刀切成粒，香菇改刀切成粒，冬笋改刀切成粒；
③ 姜改刀切成末，葱改刀切成末；
④ 葛粉抓碎后过滤出细粉备用，未过滤的葛粉加少许水调制成块；
⑤ 锅中置水，下入笋丁、香菇丁、五香茶干丁，焯水断生，捞出过凉；
⑥ 锅中置油，下入姜、葱、肉粒、咸肉粒，煸香出油，下入香菇、冬笋、五香茶干煸香，烹入料酒、糖、盐，撒入葛粉块，中小火加热至原料成厚糊状；
⑦ 搓成丸状，滚上细葛粉；
⑧ 放入蒸笼中，蒸 5 ～ 6 分钟后取出装盘；
⑨ 水开后加盐、湿淀粉勾芡，加明油，淋到丸子上，点缀葱末即可。

注意事项

1. 葛粉以色白、细密、纯正为佳。
2. 干葛粉入汤的时候，火力、左右手配合要均匀，浓度适中，不要有颗粒。
3. 把握好味型。
4. 把握好蒸制的时间及火候。

61. 风味烤羊排

操作视频

准备材料

主料： 羊肋排 2000 克

辅料： 葱 30 克、姜 30 克、蒜 30 克、八角 5 克、肉蔻 5 克、香叶 5 克、草果 5 克、花椒 5 克、干辣椒 5 克、白芷 5 克

调料： 盐 10 克、糖 10 克、料酒 20 克、蜂蜜 20 克、美极鲜 20 克、烤肉 酱 30 克

制作步骤

①

②

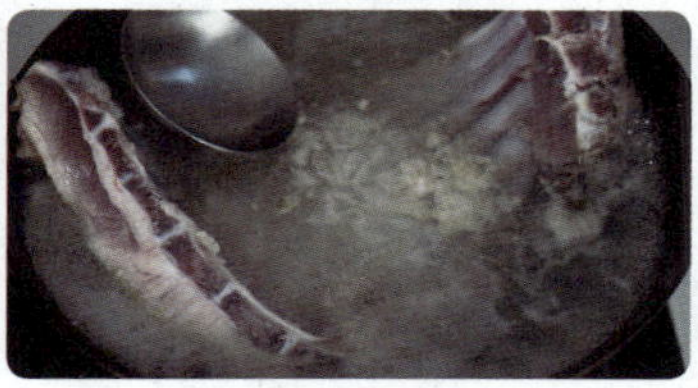

③

④

⑤

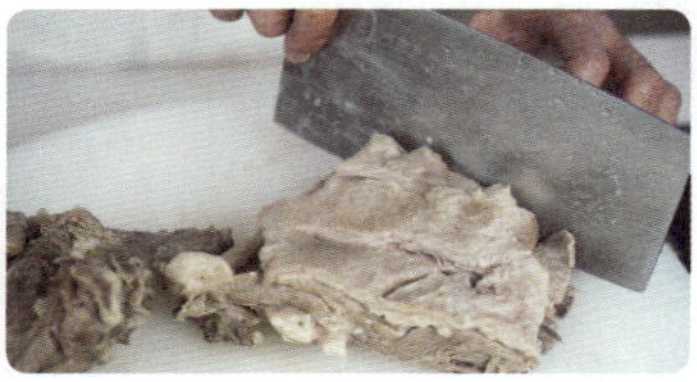

⑥

⑦

⑧

⑨

① 姜切片，蒜切粒，葱切段；

② 草果拍开，将草果、香叶、干辣椒、八角、肉蔻、白芷、花椒制成卤料包；

③ 羊肋排放入冷水中，煮至水开，撇去浮沫后捞出；

④ 锅中置水，下入卤料包、葱、姜、蒜、羊肋排，烹入盐、糖、料酒，调制成卤汤，将羊肋排卤制 3 小时；

⑤ 碗中加盐、糖、料酒、美极鲜、烤肉酱、蜂蜜，调制成烧烤酱汁；

⑥ 将卤好的羊肋排用刀把每根肋排切开，一端相连；

⑦ 羊肋排刷上一层酱汁，入烤箱，上温 220℃、下温 180℃，烤 10 分钟后取出；

⑧ 刷上一层酱汁，再入烤箱烤 15 分钟；

⑨ 取出后再刷上一层酱汁，反复三至四次，烤至色泽金红，装盘即可。

注意事项

1. 羊肋排卤制时间要充足。
2. 烧烤酱汁的调制浓度要适当。
3. 烤制的时间和火候要控制好。

62. 臭鳜鱼

臭鳜鱼，又名“腌鲜桂”，是徽州名菜之一。相传 200 多年前，祁门一带商贩将鳜鱼放入木桶，为防变质，采用一层盐一层鱼的方法，并经常翻动，如此七天后到达屯溪地区，鱼形、质色等未变，仅气味变为似臭非臭。烧制后风味独特，广为人知。

操作视频

准备材料

主料：臭鳜鱼 750 克（1 条）
配料：五花肉 50 克、冬笋 50 克、香菇 20 克、青杭椒 10 克、红杭椒 10 克
辅料：姜 10 克、葱 10 克、蒜 10 克
调料：盐 3 克、糖 5 克、老抽 5 克、豆瓣酱 5 克、料酒 20 克、生抽 10 克、淀粉 20 克

制作步骤

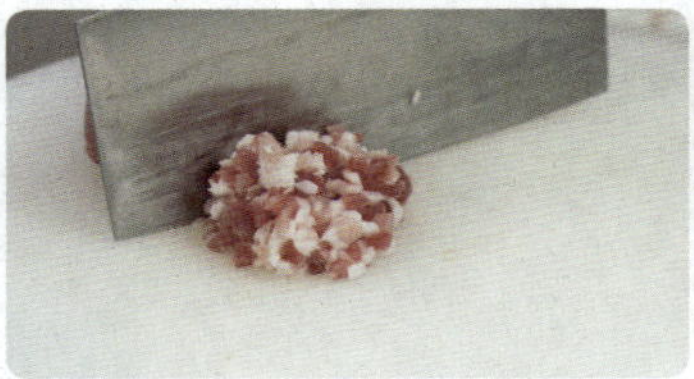
①

②

③

④

⑤

⑥

⑦

⑧

⑨

① 五花肉改刀切粒；
② 笋改刀切粒，香菇去根并改刀切粒；
③ 青、红杭椒改刀切段，姜改刀切末，葱改刀切末，蒜改刀切粒；
④ 锅中置油，下入鳜鱼，将两面炸至焦黄酥脆；
⑤ 锅中置油，下入肉粒、姜、蒜、葱煸炒出油；
⑥ 加入料酒，下入香菇、笋，下豆瓣酱翻炒均匀；
⑦ 加水、老抽、盐、糖，下入鳜鱼，大火烧开后转小火，用汤汁浇淋在鱼面上，成熟后装盘；
⑧ 原汤勾芡，加生抽，淋在鱼面上；
⑨ 青、红杭椒入油锅煸香，点缀在鱼面上，撒上葱末即可。

注意事项

1. 鳜鱼一定要选择新鲜、无异味的。
2. 控制好鳜鱼炸制的火候及下料的顺序。
3. 把握好味型及芡汁。

63. 刘安点丹

刘安是中国古代著名的科学家，也是道家文化的重要代表人物。他的著作《淮南子》是中国古代哲学、科技、文化的重要遗产之一。相传，刘安在煮豆浆时，发现放入一块石膏，豆浆的味道更加浓郁香醇。于是，他开始探索其中的奥秘，最终发明了豆腐的制作方法。

准备材料

主料： 泡发黄豆 1500 克

配料： 前夹肉 50 克、虾皮 15 克、纯净水 1000 克

辅料： 葱 5 克、姜 5 克、蒜 5 克

调料： 蚕豆辣酱 20 克、盐 10 克、料酒 6 克、老抽 6 克、糖 5 克

制作步骤

①

②

③

④

⑤

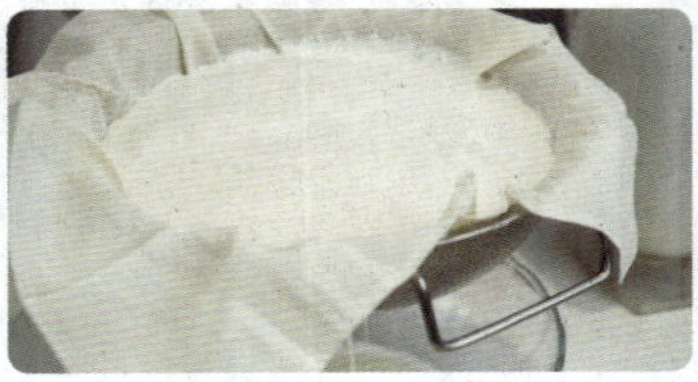
⑥

⑦

⑧

⑨

① 前夹肉改刀切成末；

② 姜改刀切成末，蒜改刀切成末，葱改刀切成末；

③ 锅中置油，下入虾皮炸至成熟；锅中置油，下入肉末炒至成熟，放入姜、蒜炒匀，下入蚕豆辣酱、料酒翻炒；

④ 下入老抽、虾皮翻炒，下入糖，加入水、盐入味，撒入葱末备用；

⑤ 黄豆放入破壁机中，加入水，搅打成豆浆；

⑥ 用纱布过滤掉豆渣；

⑦ 将豆浆煮开，撇去浮沫；

⑧ 在盛器中放入葡萄糖内酯，倒入豆浆；

⑨ 静置 10 分钟即可。

注意事项

1. 豆浆的浓度、纯度要高一些。
2. 放入豆浆中的葡萄糖内酯量要适当。
3. 点卤的量要适当，味汁的调配要适口。

64. 三河酥鸭

三河酥鸭是安徽肥西县三河古镇的传统特色名菜。此菜以当地稻田麻鸭为主料，用小葱、姜片、料酒、酱油、精盐、八角、桂皮、香叶等调味后，入屉久蒸而成，做法简单，出品酥烂脱骨，汤鲜味美。

操作视频

准备材料

主料： 麻鸭 1500 克（1 只）
辅料： 葱 20 克、姜 10 克、八角 3 克、桂皮 3 克、香叶 2 克
调料： 盐 12 克、糖 6 克、料酒 6 克、胡椒粉 3 克、老抽 15 克、生抽 10 克

制作步骤

①

②

③

④

⑤

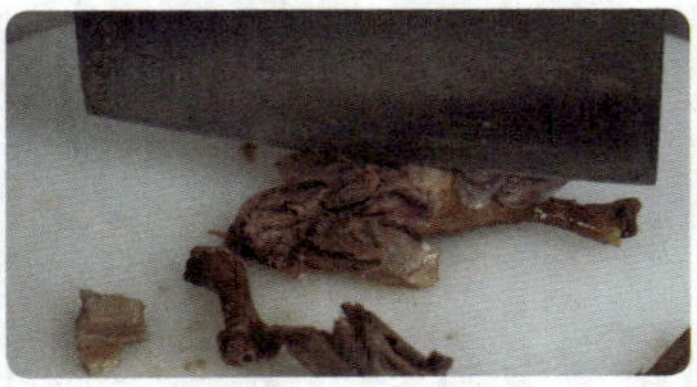
⑥

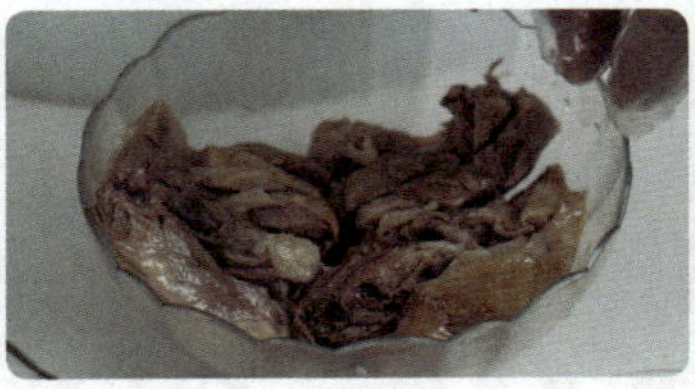
⑦

⑧

⑨

① 葱一部分打结，一部分改刀切末，姜改刀切片，碗中放入料酒、生抽、盐、糖、胡椒粉、老抽搅拌均匀；
② 将调好的味汁用葱涂抹麻鸭全身，并放上葱和姜片腌制 2 小时；
③ 在腌制好的鸭子上放香叶、桂皮、八角，上蒸屉蒸 2 小时；
④ 取出鸭子，拣去辅料；
⑤ 留汤汁备用；
⑥ 鸭子改刀取鸭脯肉，去骨后切成条状；
⑦ 皮向下整齐地码在碗底，剩下的鸭肉也改刀斩成条整齐地码好；
⑧ 将碗反扣在大的卧盘中，倒入原汤，加保鲜膜，上蒸屉蒸 30 分钟；
⑨ 撒上葱花即可。

注意事项

1. 原料要新鲜，加工时鸭血要放尽，以免鸭肉发暗。
2. 调味料一次加足。
3. 火候要到位，确保鸭肉酥烂。
4. 炖鸭子时汤水一次性加足，确保原汁原味。

65. 符离集烧鸡

符离集烧鸡是安徽省宿州市埇桥区的特色传统名菜，因原产于符离镇而得名，是中国地理标志产品，也是中华历史名肴，和德州扒鸡、河南道口烧鸡、锦州沟帮子熏鸡并称为“中国四大名鸡”。符离集烧鸡色佳味美，香气扑鼻，肉白嫩，肥而不腻，肉烂脱骨，嚼骨而有余香。

操作视频

准备材料

主料： 麻鸡 1200 克（1 只）
辅料： 葱 10 克、姜 20 克、蒜 20 克、山柰 20 克、小茴香 10 克、砂仁 5 克、白芷 20 克、肉蔻 15 克、花椒 30 克、桂皮 60 克、八角 60 克、丁香 10 克、陈皮 50 克、草果 15 克、辛夷 5 克
调料： 盐 150 克、麦芽糖 200 克、冰糖 200 克

制作步骤

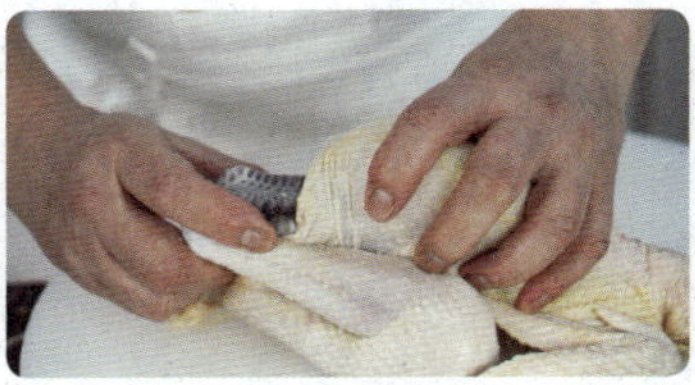
①

②

③
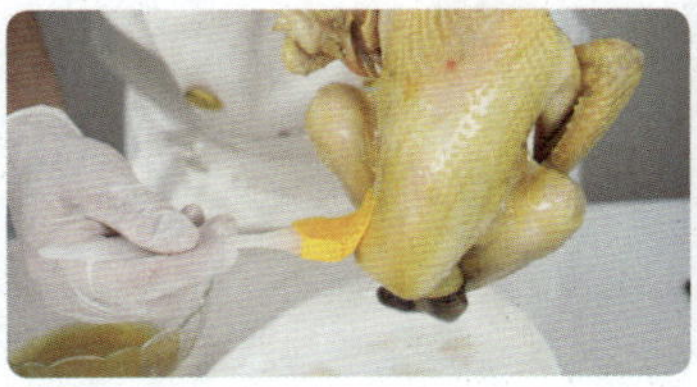
④

⑤

⑥

⑦

⑧

⑨

① 宰杀麻鸡，从腹部除去内脏，冲洗干净，把鸡大腿骨打断，并将鸡腿塞入鸡腹中，将鸡翅塞入鸡嘴处，晾干；
② 将鸡过开水去除腥味；
③ 姜拍碎，有壳的辅料拍碎，将各种辅料依次放入卤料包中；
④ 取水和麦芽糖，按 1∶2 比例调制后均匀抹在鸡身上并晾干；
⑤ 起油锅，烧至 6 成热，将鸡投入，炸至金黄色捞出；
⑥ 锅中加油，下入葱、姜、蒜炒香，加水，下入卤料包；
⑦ 烧开后下入鸡，加盐、冰糖，卤制 30 分钟；
⑧ 卤好的鸡去骨，改刀；
⑨ 装盘。

注意事项

1. 加工鸡时，鸡皮要保持完整，炸制前要晾干。
2. 掌握好脆皮卤水的调制比例。
3. 控制好炸鸡时的油温及卤制时间。

66. 吴山贡鹅

操作视频

准备材料

主料： 合肥大白鹅 2000 克（1 只）
配料： 腊猪板油 2000 克、老母鸡 500 克、猪骨头 500 克
辅料： 桂皮 10 克、香叶 15 克、良姜 30 克、八角 30 克、草果 15 克、丁香 10 克、甘草 10 克、白芷 15 克、陈皮 10 克、小茴香 10 克、砂仁 10 克、葱 50 克、姜 50 克、蒜 100 克、洋葱 50 克、罗汉果 20 克、花椒 10 克
调料： 盐 40 克、冰糖 100 克、鸡油 100 克

制作步骤

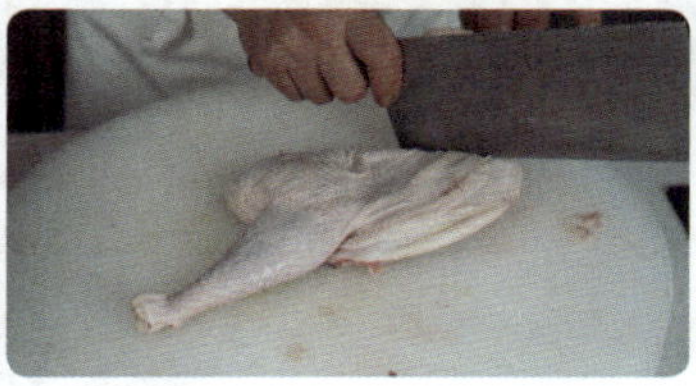
①

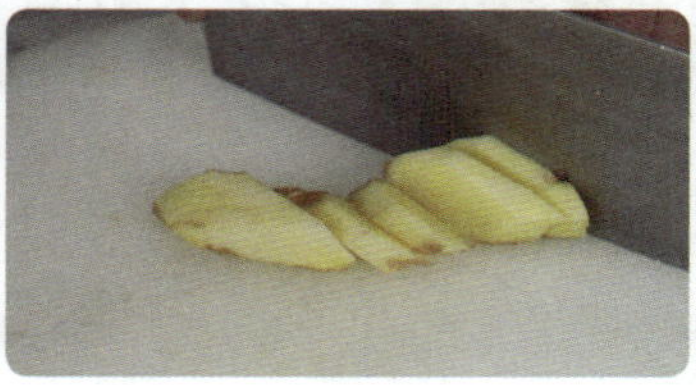
②

③

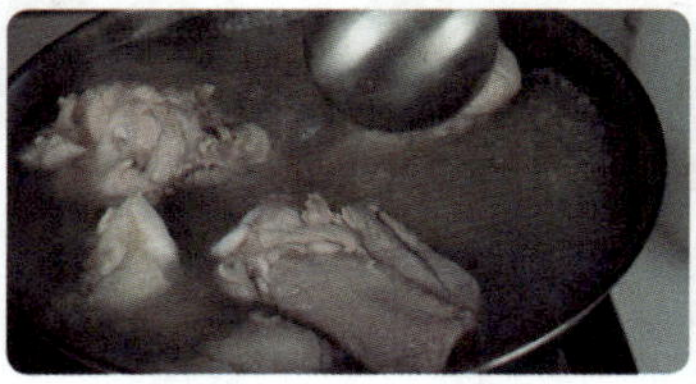
④

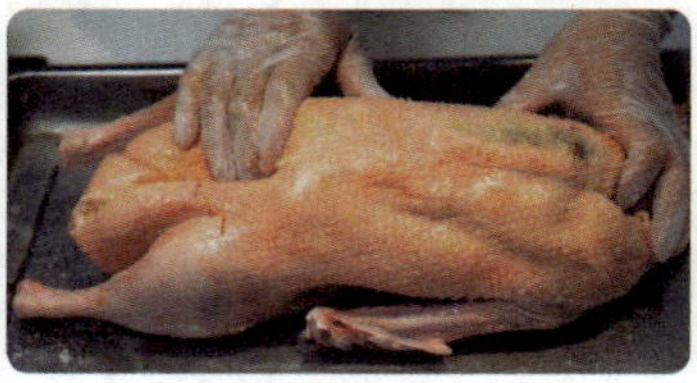
⑤

⑥

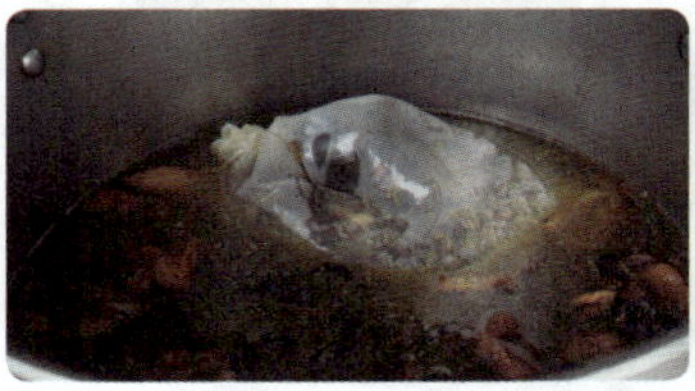
⑦

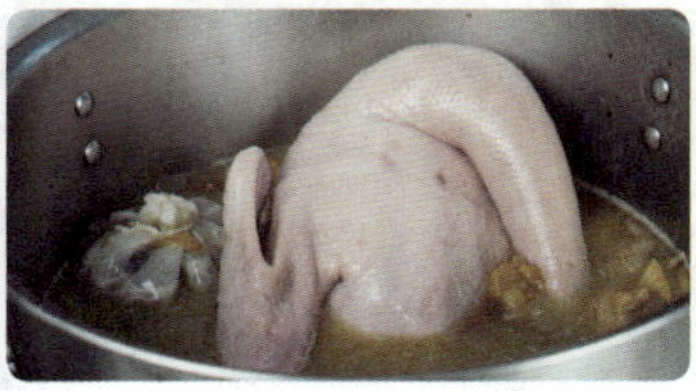
⑧

⑨

① 老母鸡、猪骨头改刀成大块，猪油切大块；
② 姜切大块，洋葱切丝；
③ 香料依次装入香料包，扎紧，泡水；
④ 老母鸡、猪骨头焯水，吊汤；
⑤ 锅中加盐、花椒炒香，撒在鹅上腌制，鹅焯水；
⑥ 锅中入油，下入腊猪板油，煸出油后下入洋葱、葱、姜、蒜煸香，下入高汤中；
⑦ 高汤中下入香料包，加盐、冰糖、鸡油调味；
⑧ 烧开后下入鹅，调至小火卤制 40 分钟；
⑨ 捞出改刀装盘，浇上原汁卤汤即可。

注意事项

1. 选择一年以上的鹅。
2. 注意火候和时间。
3. 把控好卤水的调制。

67. 李鸿章大杂烩

操作视频

准备材料

主料： 鲍鱼 150 克、海参 150 克、鱿鱼 75 克、猪肚 150 克、对虾 100 克、猪里脊肉 50 克、发好的猪皮 100 克
配料： 鹌鹑蛋 15 克、冬笋 20 克、羊肚菌 10 克、鸡汤 1000 克、鸡蛋 50 克、上海青 30 克
辅料： 葱 15 克、姜 10 克、鸭蛋黄 20 克、金瓜酱 10 克
调料： 盐 8 克、糖 6 克、料酒 15 克、胡椒粉 5 克、麻油 5 克、淀粉 20 克

制作步骤

①

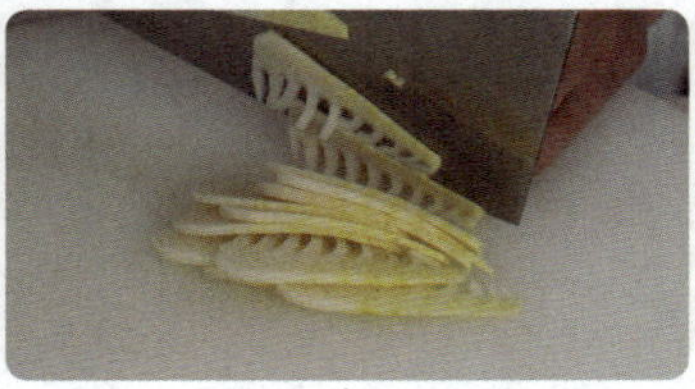
②

③

④

⑤

⑥

⑦

⑧

⑨

① 鱿鱼剞十字花刀后切成片状，鲍鱼剞十字花刀，对虾去头；
② 海参、猪皮、猪里脊肉、猪肚、冬笋改刀成片；
③ 猪里脊肉加料酒、盐、胡椒粉、蛋清、淀粉上浆；
④ 将冬笋、猪皮、羊肚菌、鲍鱼、鹌鹑蛋、上海青焯水，过凉备用；海参、鱿鱼加料酒焯水，过凉备用；
⑤ 对虾加料酒、葱、姜焯水，过凉备用；猪里脊肉汆熟，过凉备用；
⑥ 锅入底油，下入葱、姜，依次加入主料，烹入料酒，下入配料；
⑦ 加入鸡汤、肉片，加盐、糖、胡椒粉、麻油、金瓜酱炖煮；食材依次装盘，加原汤，上海青围边；
⑧ 锅中置油，下入姜末、鸭蛋黄末炒香；
⑨ 盛出点缀在菜品上。

注意事项

1. 不同的原料采用不同的成熟方法。
2. 注意原料质地的判断和选择。
3. 原料的投放顺序应恰当。
4. 把握烧制的时间与火候。

68. 胡氏一品锅

操作视频

准备材料

主料： 猪五花肉 500 克、猪前夹肉 200 克、熟牛肉 50 克、光仔鸡 300 克
配料： 干豆角 60 克、笋干 60 克、面筋泡 150 克、白萝卜 150 克、干冬菇 10 克、西兰花 100 克、蛋饺 250 克、鹌鹑蛋 200 克、豆腐 100 克、香菇 10 克
辅料： 姜 10 克、葱 10 克、蒜 10 克、干辣椒 5 克、八角 3 克、桂皮 3 克
调料： 盐 20 克、料酒 10 克、老抽 15 克、生抽 15 克

制作步骤

①

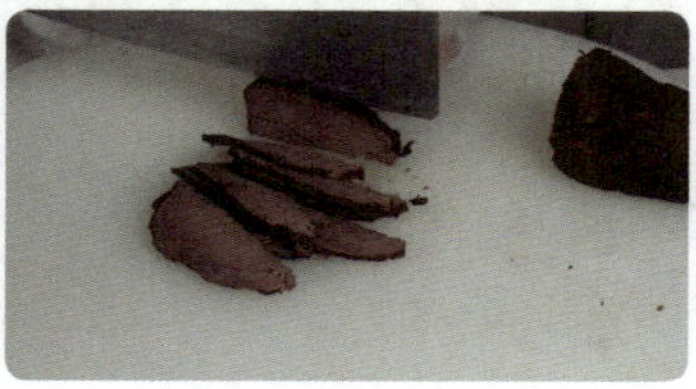

②

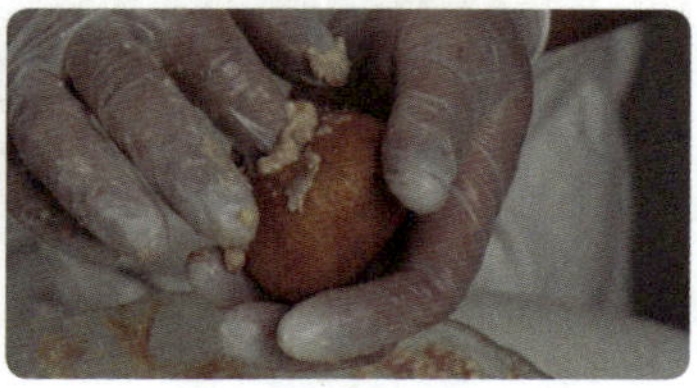

③

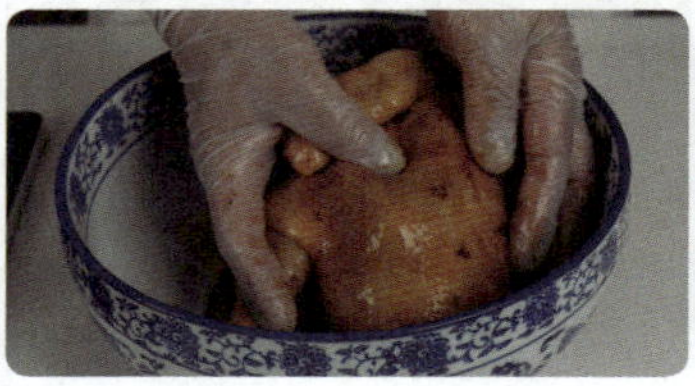

④

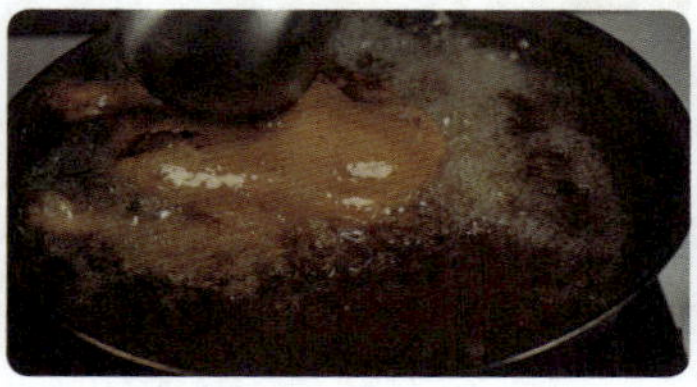

⑤

⑥

⑦

⑧

⑨

① 五花肉切块，前夹肉剁成末，西兰花切小块，干豆角切小段，笋切小段；
② 牛肉切片，萝卜切滚刀块，鸡去爪、翅尖、屁股，干辣椒切段，姜切片和末，葱切段和末；
③ 肉馅加豆腐抓拌，一半填入面筋泡里上笼蒸至成熟，另一半制成丸子并油炸成熟；
④ 五花肉加料酒焯水，鸡加料酒焯水，表面抹老抽上色；
⑤ 将鸡油炸至成熟，切成块备用；
⑥ 笋、干豆角焯水，水中加油，将萝卜、鹌鹑蛋、西兰花焯水；
⑦ 锅中置油，下入葱、姜、蒜、八角、干辣椒，下入五花肉，加老抽上色，加水、生抽、料酒、盐烧至成熟；
⑧ 下入笋、豆角、萝卜烧至成熟，装入锅底，摆入全部原料；
⑨ 起锅加水，烹入生抽、盐，制成汤汁，浇到菜品上，用鹌鹑蛋、西兰花围边，撒上葱段即可。

注意事项

1. 各种原料成熟度不一致，加工方法要注意区别。
2. 注意下料烧制的色泽及火候。
3. 注意拼摆手法及成熟度。

酒店流行菜

69. 清蒸白丝鱼

巢湖是我国著名的五大淡水湖泊之一，盛产白丝鱼（又名翘口白）、白米虾、湖蟹等水产品。本菜选用巢湖产的白丝鱼，它细鳞银白，肉质细嫩，味极鲜，颇受食客的喜爱。

操作视频

准备材料

主料： 鲜活的白丝鱼 600 克（1 条）
配料： 金华火腿 50 克、红椒 10 克、京葱 10 克
辅料： 葱 10 克、姜 5 克
调料： 鸡油 20 克、盐 6 克、绍酒 5 克、胡椒粉 2 克

制作步骤

①

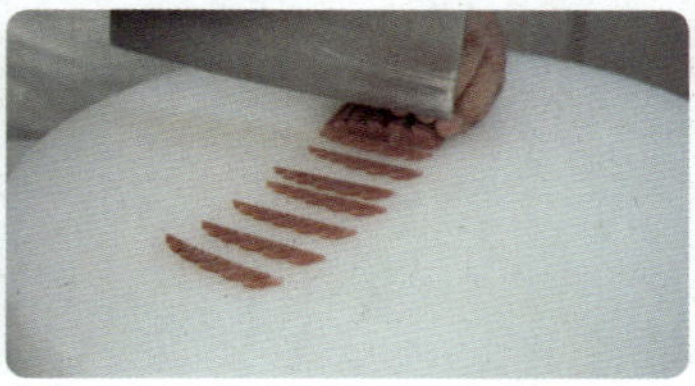
②

③

④

⑤

⑥

⑦

⑧

⑨

① 鱼擦干水分，一面剞直一字花刀，一面剞斜一字花刀；
② 火腿改刀切成厚 0.1 厘米的柳叶片；
③ 姜切细丝，葱切小粒，京葱切细丝，红椒去籽、去肉并切细丝；
④ 鱼面撒上盐、胡椒粉，轻轻地搓揉；
⑤ 将切好的火腿片插入斜花刀口中，淋绍酒和鸡油，再放上葱丝和姜丝；
⑥ 将码好味的白丝鱼放入蒸箱，旺火、高气压蒸 8 ～ 10 分钟，取出鱼，拣去葱、姜；
⑦ 将蒸鱼的原汁取出；
⑧ 原汁倒入锅中，加盐、胡椒粉调味；
⑨ 浇淋在鱼身上，以切好的三丝点缀即可。

注意事项

1. 要选用鲜活的鱼，这样蒸出来才鲜嫩；旺火快蒸，确保原汁原味。
2. 宰杀时避免把鱼胆弄破，不然会影响口感。
3. 烹制前的调味。
4. 花刀深浅一致，把握火力、蒸制时间。

70. 白米虾炖蛋

安徽巢湖“三珍”（银鱼、螃蟹、白米虾）自古有名。此菜选用巢湖鲜活的白米虾和土鸡蛋，采用徽菜独特的技法——“炖”制而成，保持了鸡蛋的滑嫩和虾的鲜美口感，菜嫩滑、汤鲜美，两者相得益彰。

操作视频

准备材料

主料：鲜白米虾 100 克
配料：土鸡蛋 400 克
辅料：葱 10 克、姜 10 克
调料：盐 5 克、胡椒粉 3 克、料酒 5 克、生抽 3 克、猪油 20 克

制作步骤

①

②

③

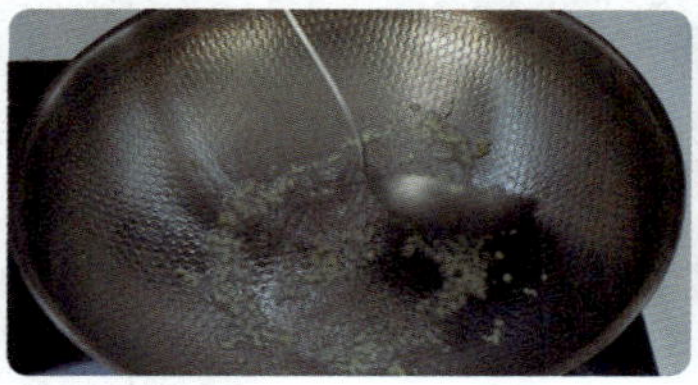
④

⑤

⑥

⑦

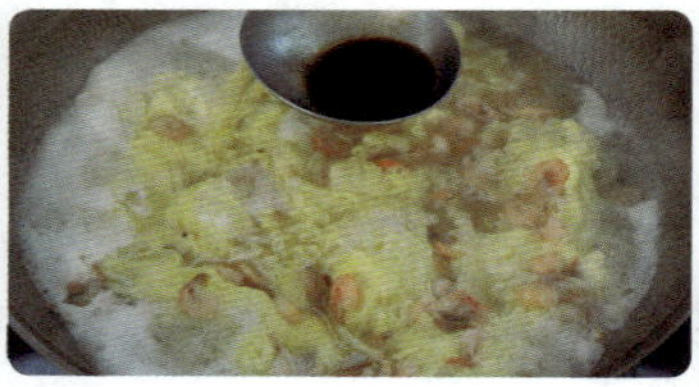
⑧

⑨

① 葱改刀切成末；
② 姜改刀切成末；
③ 鸡蛋打入碗中并搅散成鸡蛋液；
④ 热锅中放入猪油，下入姜末炒香；
⑤ 下入白米虾，加入料酒翻炒；
⑥ 加入用猪骨熬制的高汤，烧开后撇去浮沫；
⑦ 均匀地下入鸡蛋液；
⑧ 放入盐、生抽、胡椒粉调味，旺火烽至成熟；
⑨ 撒入葱花，盛装即可。

注意事项

1. 白米虾要新鲜，若没有鲜虾，可用鲜虾仁、鸡丝、里脊丝、鲜贝等替代。
2. 烹调时用中等偏大的火。
3. 口味宜清淡，油脂要少。
4. 注意火候的把握以及口味的调制。
5. 要选用好的高汤。

71. 槐花鸡蛋卷

操作视频

准备材料

主料：前夹肉 300 克
配料：土鸡蛋 300 克、干槐花 100 克
辅料：葱 10 克、姜 5 克
调料：盐 5 克、糖 3 克、料酒 5 克、鸡油 3 克、胡椒粉 2 克、淀粉 20 克

制作步骤

①

②

③

④

⑤

⑥

⑦

⑧

⑨

① 前夹肉改刀剁成末，姜改刀成末，葱改刀成葱花；
② 干槐花焯水、过凉；
③ 肉末中加入料酒、盐、糖、胡椒粉，调味搅拌；
④ 加入鸡蛋、葱花、姜末搅拌，投入槐花搅拌上劲；
⑤ 鸡蛋打散，加盐、过筛，摊制成蛋皮；
⑥ 蛋皮改刀成长方形，撒上淀粉，将肉馅放入蛋皮上铺平；
⑦ 蛋皮卷起，入蒸锅蒸制 20 分钟；
⑧ 成熟后取出，改刀装盘；
⑨ 蒸制的原汤加盐、糖、胡椒粉、湿淀粉勾芡，淋上鸡油，浇到成品上即可。

注意事项

1. 要选择正宗土鸡蛋。
2. 干槐花的泡发要彻底，注意槐花馅料的调制。
3. 卷的粗细要均匀。
4. 鸡蛋皮的制作形态要完整。

72. 腊味香干炒水芹

桐城水芹即水芹菜，具有“兰香浓郁、脆嫩爽口、回味甘甜”的品质特色。桐城城关的四水桥芹菜以四季滴翠、根似龙须、茎如玉簪、清香脆嫩、味道鲜醇而独具一格，水阳香干为水阳三宝之一，它选用无污染、无病害、籽粒饱满的优质黄豆，经层层工序制作而成，其色泽油亮，色、香、味俱佳。

操作视频

准备材料

主料： 水芹菜 500 克
配料： 咸肉 50 克、香干 50 克、红椒 50 克
辅料： 蒜 10 克
调料： 盐 3 克、糖 2 克

制作步骤

①

②

③

④

⑤

⑥

⑦

⑧

⑨

① 水芹菜摘去叶子，改刀切成段；
② 香干改刀切成丝，红椒去蒂、去籽，改刀切成丝，咸肉改刀切成丝；
③ 蒜拍松，改刀切成末；
④ 水芹菜焯水断生，过凉备用；
⑤ 咸肉焯水断生，过凉备用；
⑥ 香干焯水断生，过凉备用；
⑦ 锅中置油，下入蒜、咸肉炒香；
⑧ 放入香干、红椒、水芹菜翻炒，放入盐、糖调味后翻匀，淋入明油；
⑨ 装盘即可。

注意事项

1. 优选桐城水芹、水阳香干。
2. 此菜需热油旺火快速翻炒，一气呵成。

73. 青椒毛刀鱼

巢湖盛产毛刀鱼，因其状如刨花片，故人们又将这种鱼称为刨花鱼或鲁班鱼。毛刀鱼的鱼头小、体扁、刺细可食，味道鲜美。

操作视频

准备材料

主料： 巢湖毛刀鱼 300 克
配料： 薄皮青椒 200 克
辅料： 葱 10 克、姜 5 克、蒜 3 克、干辣椒 10 克
调料： 盐 3 克、糖 5 克、料酒 5 克、蒸鱼豉油 6 克、陈醋 3 克、蚝油 5 克、蒜蓉辣酱 10 克、麻油 3 克

制作步骤

①

②

③

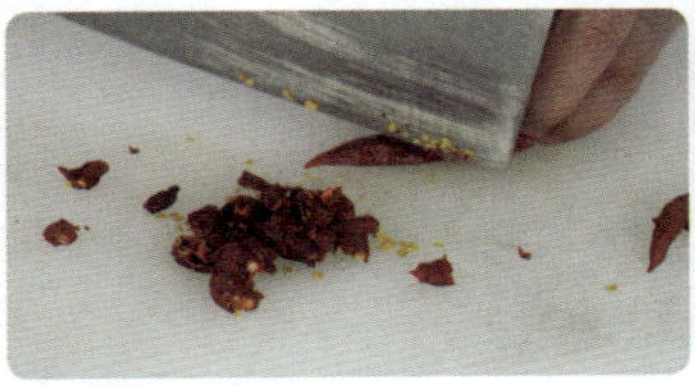
④

⑤

⑥

⑦

⑧

⑨

① 将毛刀鱼用温水泡至回软，捞起沥干水分；
② 青椒切成丝，葱改刀切成 2 ～ 3 厘米的段；
③ 姜改刀切成丝，蒜改刀切成片；
④ 干辣椒改刀切成段；
⑤ 锅中置油 500 克，烧至 5 ～ 6 成热，将毛刀鱼炸 2 ～ 3 分钟，炸干水分、呈浅黄色即可；
⑥ 锅中置油，下入葱、姜、蒜、干辣椒、蒜蓉辣酱炒香；
⑦ 放入毛刀鱼，烹入料酒、豉油、蚝油、糖，翻炒、上色、炒香；
⑧ 倒入青椒丝，一起合炒成熟，淋陈醋和麻油激发香味；
⑨ 盛装即可。

注意事项

1. 毛刀鱼要选大小相似的，用温水泡至回软，多漂洗几次，去尽泥沙。
2. 毛刀鱼油炸时间不宜太长，炸干水分、炸酥即可。
3. 要控制好油温和火候。
4. 注意口味的调制。

74. 苔干里脊丝

相传张良刺杀秦始皇未果，逃匿邳州，太公真人见张良面黄肌瘦，就让其生食苔干，张良食后容颜焕发，气色红润。张良为西汉军师后，仍不忘苔干之美味，因此命地方官将邳州特产苔干进贡汉高祖刘邦品尝，刘邦食后甚是喜欢，赐名为“贡菜”。这道菜口感鲜美，苔干脆爽，里脊丝鲜嫩，是一道非常下饭的菜品。

操作视频

准备材料

主料： 里脊肉 200 克
配料： 苔干菜 50 克、红椒 20 克
辅料： 葱 10 克、姜 10 克、蒜 10 克
调料： 盐 6 克、糖 5 克、料酒 6 克、淀粉 20 克

制作步骤

①

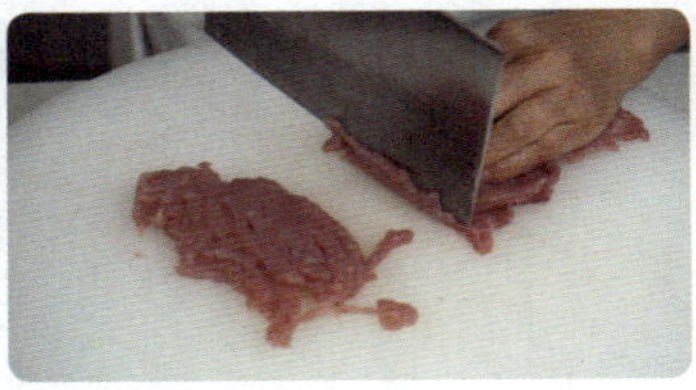

②

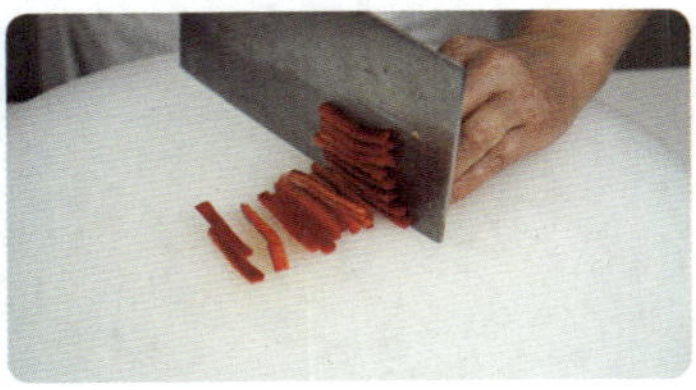

③

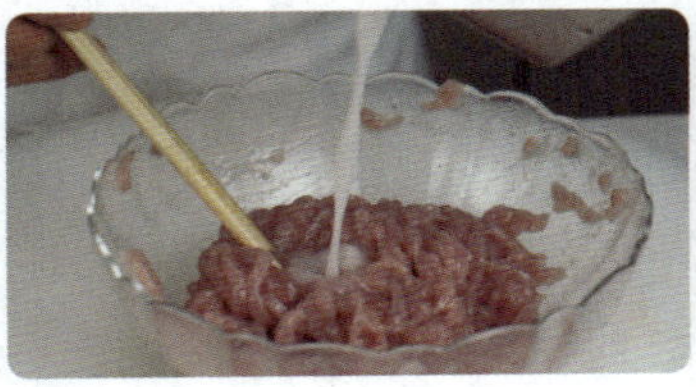

④

⑤

⑥

⑦

⑧

⑨

① 苔干菜泡发，改刀切成长段；
② 里脊肉改刀切成长丝，姜改刀切成长丝，蒜改刀切成片，葱改刀切成段；
③ 红椒去籽，改刀切成长丝；
④ 里脊肉放入盐、淀粉上浆搅拌；
⑤ 锅中置油，烧至 4 成热，下入肉丝滑油至肉变白，下入红椒丝滑油断生；
⑥ 锅中置油，下入葱、姜、蒜，煸炒出香味；
⑦ 投入苔菜，加入盐、糖、料酒调味；
⑧ 下入肉丝、红椒翻炒即可；
⑨ 装盘。

注意事项

1. 苔干菜泡发的时间要控制好。
2. 肉丝改刀及上浆，入油的油温要控制好。
3. 炒制火候要控制好。
4. 里脊丝煸炒至变色即可。

75. 沱河大闸蟹

沱河大闸蟹（通常称为“沱湖螃蟹”）是安徽省蚌埠市五河县的特产。这道菜以沱湖盛产的优质螃蟹为原料，拍粉炸至金黄，配以年糕翻炒，成为一道美味佳肴，深受食客们的喜爱。

操作视频

准备材料

主料： 大闸蟹 1000 克
配料： 小年糕 150 克、青杭椒 20 克、红杭椒 20 克
辅料： 葱 10 克、姜 10 克、蒜 10 克、干辣椒 3 克
调料： 盐 6 克、糖 5 克、料酒 5 克、老抽 5 克、蚕豆辣酱 10 克、陈醋 5 克、胡椒粉 3 克、淀粉 20 克

制作步骤

①

②

③

④

⑤

⑥

⑦

⑧

⑨

① 蟹开壳，去除腮、嘴、尾部，改刀剁成两半；
② 年糕改刀切成段；
③ 姜改刀切成片，葱改刀切成段，蒜改刀切成粒，青、红杭椒改刀切成段，干辣椒改刀切成段；
④ 碗中放入蟹，放入盐、糖、胡椒粉、料酒腌制约 30 分钟，略拍少许淀粉，搅拌均匀；
⑤ 锅中置油，下入年糕，煎至表面酥脆后捞沥；
⑥ 锅中置宽油，下入蟹炸至金黄色捞沥；
⑦ 锅中置油，下入姜、葱、蒜、干辣椒、蚕豆辣酱，煸炒出香味，烹入盐、糖、胡椒粉、料酒、老抽、陈醋、开水；
⑧ 下入蟹、年糕翻炒，撒入青、红杭椒；
⑨ 装盘即可。

注意事项

1. 选用新鲜的大闸蟹。
2. 把握好炸制的火候与时间。

76. 蛋黄焗银鱼

蛋黄焗银鱼为安徽巢湖地方菜肴。银鱼是我国一种比较常见的淡水鱼，营养价值非常高，含有丰富的蛋白质、钙、磷、铁等多种营养成分。蛋黄焗银鱼选用新鲜的银鱼，搭配上鲜美的咸蛋黄，经过特殊的烹饪方法，使得每一条银鱼都包裹上浓郁的咸蛋黄香味，让人垂涎欲滴。

操作视频

准备材料

主料：银鱼 150 克

配料：咸鸭蛋黄 80 克、红椒 10 克

辅料：葱 15 克、姜 7 克、面粉 100 克、淀粉 50 克

调料：盐 5 克、麻油 3 克、料酒 5 克、吉士粉 8 克、泡打粉 5 克

制作步骤

①

②

③

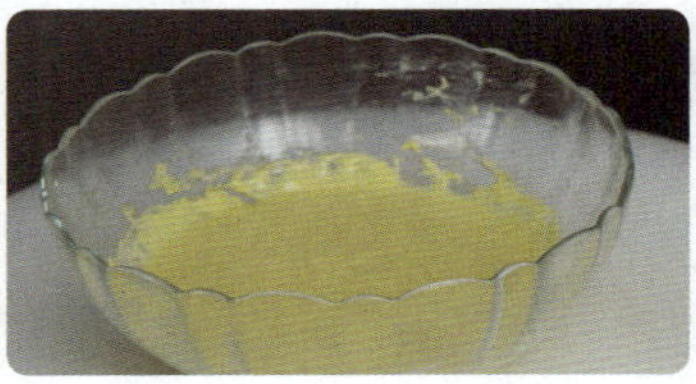

④

⑤

⑥

⑦

⑧

⑨

① 红椒去籽、切小粒，姜切片拍松，葱改刀切末；

② 咸鸭蛋黄蒸熟；

③ 把蒸熟的蛋黄斩成粉状，加盐搅拌；

④ 碗中加入面粉、淀粉、吉士粉、泡打粉，加水、麻油调制成糊状；

⑤ 银鱼放入碗中，加入葱、姜、料酒、盐，腌渍 10 分钟，挑出葱、姜，加淀粉搅拌；

⑥ 银鱼拖糊；

⑦ 入 5 成热油炸定型，入 6 成热油复炸后捞出；

⑧ 锅留底油，推入咸蛋黄粉焗至起沫；

⑨ 下入糖、红椒粒、银鱼、葱花，拌匀装盘即可。

注意事项

1. 银鱼去腥处理，注意调糊厚度。
2. 控制炸制的油温。
3. 焗炒时不宜火太大，避免多次翻锅。

77. 烧饼牛肉

操作视频

准备材料

主料： 牛里脊肉 250 克
配料： 青杭椒 20 克、红杭椒 20 克、烧饼 6 个
辅料： 葱 10 克、姜 10 克、蒜 10 克
调料： 盐 6 克、糖 5 克、蚝油 10 克、料酒 6 克、老抽 6 克、香辣酱 10 克、淀粉 20 克

制作步骤

①

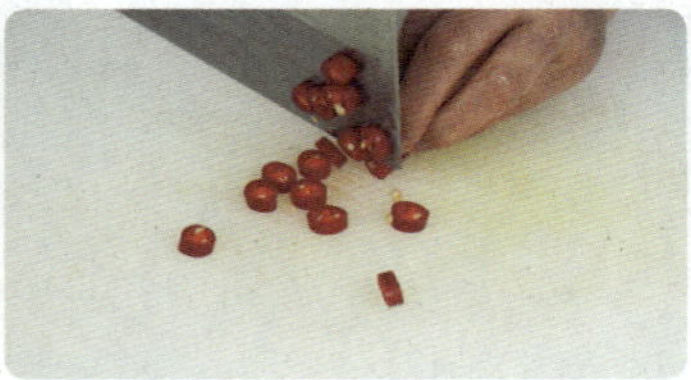
②

③

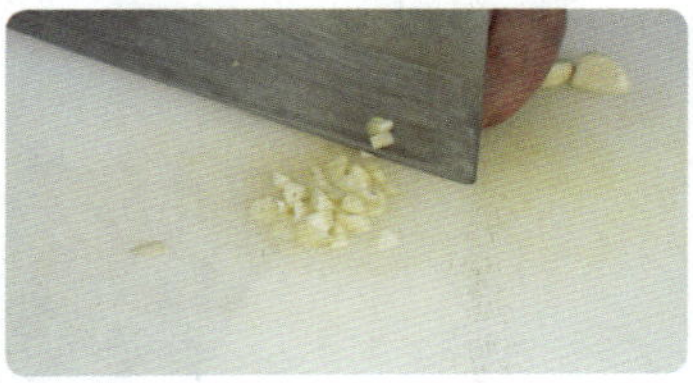
④

⑤

⑥

⑦

⑧

⑨

① 牛里脊肉改刀成小丁；
② 红杭椒改刀成粒，青杭椒改刀成粒；
③ 葱改刀成末，姜改刀成粒；
④ 蒜改刀成粒；
⑤ 牛里脊肉放入盐、料酒、湿淀粉腌制上浆 5 分钟；
⑥ 锅中置油，烧至 4 成热，下入牛肉滑油至变色捞沥；
⑦ 锅中置油，下入葱、姜、蒜、香辣酱、蚝油、青杭椒、红杭椒，煸炒出香味；
⑧ 下入料酒、老抽、糖、盐、牛肉粒，翻炒均匀；
⑨ 装盘，围上烧饼即可。

注意事项

1. 牛里脊肉改刀要大小均匀，不宜过大。
2. 牛肉丁的上浆、滑油要控制好。
3. 把握牛肉丁的嫩度。
4. 掌握好烧制的味型。

78. 鸡汤煮糯米圆子

操作视频

准备材料

主料： 糯米 500 克
配料： 猪前夹肉 100 克、生粉 50 克、鸡汤 1500 克
辅料： 葱 10 克、姜 10 克
调料： 盐 10 克、糖 10 克、料酒 10 克

制作步骤

①

②

③

④

⑤

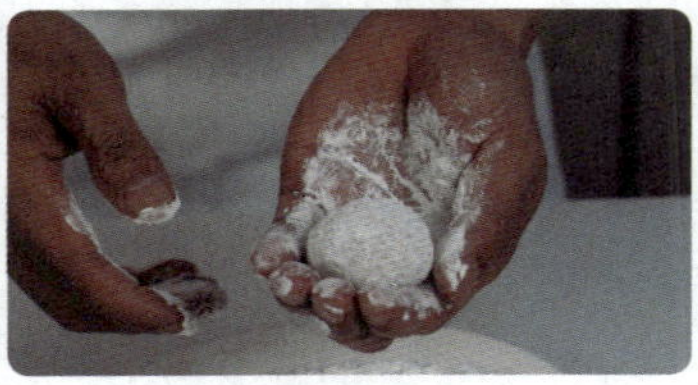
⑥

⑦

⑧

⑨

① 糯米用清水淘洗干净，加水浸泡，上笼蒸至成熟；
② 前夹肉改刀剁成肉末；
③ 葱改刀切成末，姜改刀切成末；
④ 肉末加姜、葱、料酒、盐、糖搅拌均匀，加水搅拌上劲；
⑤ 放入糯米饭，搅拌均匀；
⑥ 搓成丸子，裹上生粉；
⑦ 鸡汤烧开后下入丸子；
⑧ 丸子煮至成熟，烹入盐；
⑨ 装盘即可。

注意事项

1. 糯米应先泡发，饭略微蒸硬一些。
2. 丸子不宜太大，做到小而精。
3. 煮丸子时不能用大火，否则丸子会裂开。
4. 丸子要搓紧实、圆润。

79. 三色炒石鸡

石鸡是徽州山区主要的食用蛙之一，是徽系各菜中的主要原料。它与石耳、石鱼并称“黄山三石”。

操作视频

准备材料

主料：石鸡 400 克
配料：青椒 30 克、红椒 30 克、冬笋 30 克、香菇 20 克
辅料：葱 10 克、姜 10 克、蒜 10 克
调料：盐 5 克、蚝油 10 克、糖 5 克、料酒 10 克、淀粉 20 克

制作步骤

①

②

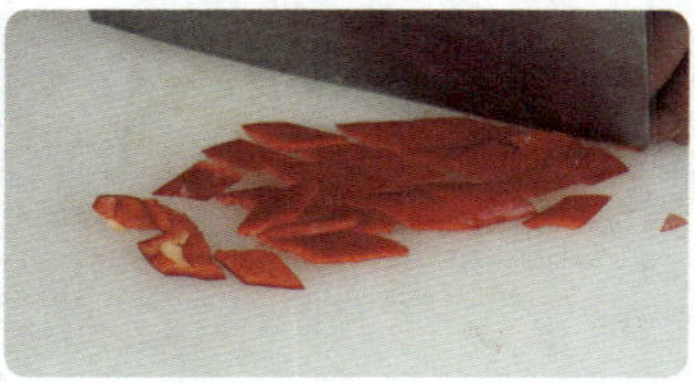
③

④

⑤

⑥

⑦

⑧

⑨

① 石鸡去爪，改刀切成块；
② 冬笋改刀切成块，香菇去蒂并改刀切成小块；
③ 红椒去籽、去筋并改刀成片，青椒去籽、去筋并改刀成片，姜改刀切成片，蒜改刀切成小块，葱改刀切成段；
④ 石鸡中放入盐、料酒拌匀，加入湿淀粉腌制 20 分钟；
⑤ 香菇、笋、青红椒焯水断生，捞出过凉；
⑥ 锅中置油，烧至 4 成热，下入石鸡，炸至断生；
⑦ 锅中置油，下入蒜、姜、葱煸炒出香味，下入水、蚝油、湿淀粉；
⑧ 加入香菇、笋、青红椒、石鸡块，翻炒上色；
⑨ 装盘即可。

注意事项

1. 石鸡购买时要带皮，去皮后清理干净。
2. 石鸡要过油，油温不宜过高。
3. 把握菜肴的成熟度。

80. 红烧鱼肚腩

红烧鱼肚腩是巢湖民间风味菜。这道菜选用新鲜的鱼肚腩，口感鲜嫩滑爽，入口即化。红烧鱼肚腩的配菜选用青椒和红椒，色泽鲜艳，口感脆爽，为这道菜增色不少。鱼肚腩是一种非常有营养的食材，富含蛋白质、胶质和多种微量元素。

操作视频

准备材料

主料： 草鱼 1200 克
配料： 青杭椒 20 克、红杭椒 20 克
辅料： 葱 5 克、姜 5 克、蒜 5 克、干辣椒 3 克
调料： 盐 5 克、糖 5 克、料酒 6 克、老抽 6 克、生抽 6 克、猪油 10 克、蚕豆辣酱 10 克

制作步骤

①

②

③

④

⑤

⑥

⑦

⑧

⑨

① 草鱼取鱼肉，去鱼背肉，鱼腩改刀切成块；
② 青、红杭椒改刀切成段；
③ 姜改刀切成片，葱改刀切成段，蒜改刀切成小块，干辣椒改刀切成段；
④ 鱼腩放入姜、葱、料酒、盐腌制 5 ～ 10 分钟，拣去葱、姜；
⑤ 将腌制好的鱼腩放入油锅中，炸至金黄焦脆；
⑥ 锅中放入猪油，放入姜、蒜、葱、干辣椒炒香，下入蚕豆辣酱煸炒出香味；
⑦ 烹入料酒、老抽、生抽，加入开水、盐、糖调味；
⑧ 下入炸好的鱼块，烧开后拣去葱、姜，收好汤汁后下入青、红杭椒，勾芡；
⑨ 装盘即可。

注意事项

1. 烧制时动作要轻柔，以免鱼肉破损失形。
2. 注意火力的调控。
3. 注意鱼肉炸制的火候。

81. 地锅羊肉

地锅羊肉是以地锅的方式进行烹饪，地锅菜有着悠久的历史，源于安徽萧县地区。地锅羊肉的汤汁较少，口味鲜醇，饼借菜味，菜借饼香，具有软滑与干香并存的特点。

操作视频

准备材料

主料： 羊肉 1500 克
配料： 面粉 400 克、香菜 25 克
辅料： 八角 5 克、香叶 5 克、桂皮 5 克、花椒 5 克、白芷 10 克、葱 15 克、姜 10 克、蒜 10 克、干辣椒 10 克
调料： 盐 15 克、糖 5 克、淀粉 10 克、豆瓣酱 100 克、老抽 10 克

制作步骤

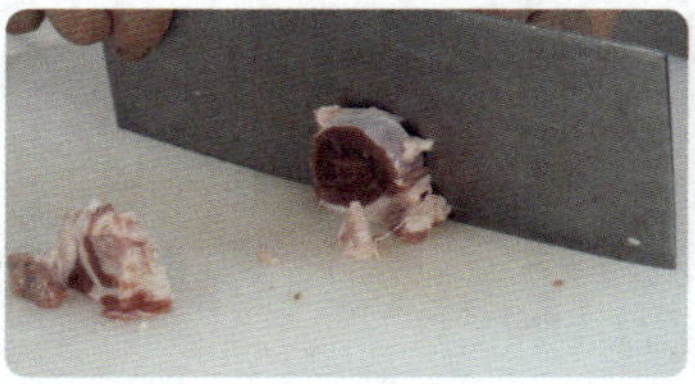
①

②

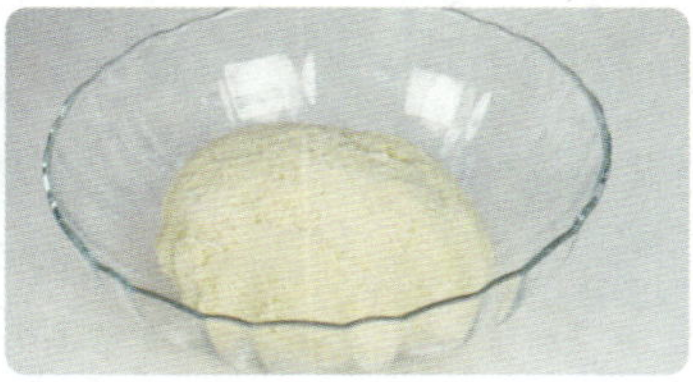
③

④

⑤

⑥

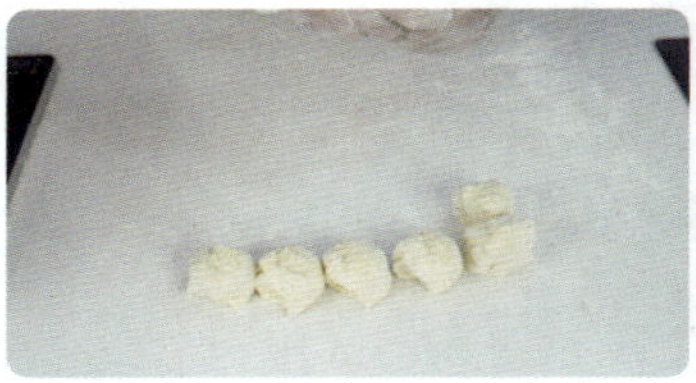
⑦

⑧

⑨

① 羊肉改刀成块；
② 姜切片；
③ 面粉加盐、淀粉，加水和成面团醒置；
④ 羊肉加姜片、葱焯水；
⑤ 锅中入油，放入葱、姜、蒜、干辣椒、豆瓣酱炒香；
⑥ 再放入羊肉块、老抽、糖调味，加汤，大火烧开，加香叶、桂皮、八角、白芷、花椒，转小火烧至八成烂；
⑦ 面团分成小份；
⑧ 铁锅过油，将面团平贴在锅边上；
⑨ 羊肉挑去辅料，大火收汁，盛入铁锅中，最后撒上香菜、青蒜即可。

注意事项

1. 羊肉制作前浸泡去腥膻味。
2. 把握炒制羊肉块的火候。
3. 把握羊肉块上色及味型的调制。

82. 板栗烧土公鸡

皖西地处大别山区，山峰绵延起伏、气候宜人、雨量充沛。山区产茶叶、蕨根、菌菇、药材、板栗等，为徽菜的发展提供了大量的食材。此菜选用大别山区野生的板栗与当地土公鸡，加蚕豆酱焖烧而成。公鸡的鲜美、栗子的香甜粉润，万千滋味尽在其中，彰显徽菜擅长烧菜的功力。

准备材料

主料：农家散养的大公鸡 2000 克（1 只）
配料：新鲜的板栗 300 克、青杭椒 20 克、红杭椒 20 克
辅料：葱 20 克、姜 30 克
调料：盐 6 克、冰糖 10 克、料酒 6 克、蚕豆酱 10 克、老抽 5 克、菜籽油 75 克、猪油 50 克

制作步骤

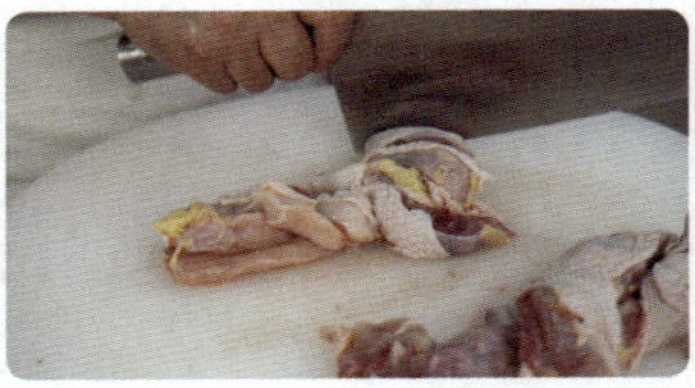
①

②

③

④

⑤

⑥

⑦

⑧

⑨

① 鸡改刀斩成 4 ～ 6 厘米的大块；
② 青、红杭椒改刀切成段；
③ 锅中置菜籽油和猪油，放入姜片炸香；
④ 下入鸡块，慢慢炒干鸡块表面的水分；
⑤ 烹入料酒、蚕豆酱、盐、冰糖、老抽，煸炒上色；
⑥ 加适量开水，加盖小火焖烧 60 分钟；
⑦ 加入板栗、葱段，加盖焖烧约 20 分钟，拣去辅料，装入铁锅；
⑧ 锅中入油，下入青、红杭椒煸香；
⑨ 盛装即可。

注意事项

1. 鸡要选土鸡，且是活鸡，确保食材新鲜。
2. 中小火慢烧，不放香料，以突出土鸡的鲜美和栗子的香甜。
3. 把控好火力与时间。
4. 鸡的初步加工，注意调色与调味。

83. 板栗烧猪尾

操作视频

准备材料

主料： 猪尾 500 克
配料： 板栗 300 克、青杭椒 25 克、红杭椒 25 克
辅料： 葱 5 克、姜 5 克、蒜 5 克、八角 5 克、香叶 2 克、花椒 3 克、干辣椒 3 克、桂皮 3 克、白芷 4 克
调料： 盐 3 克、糖 20 克、黄酒 15 克、老抽 15 克、蚝油 8 克

制作步骤

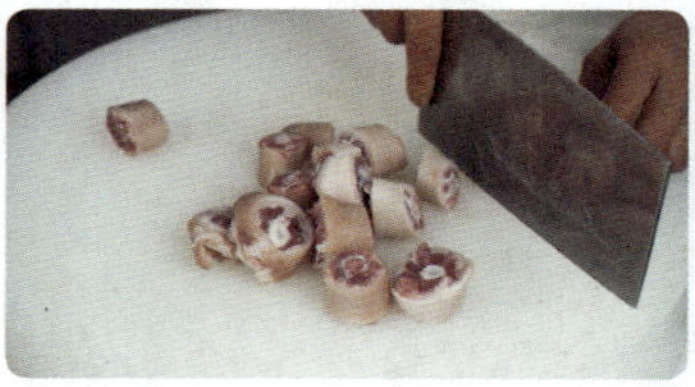
①

②

③

④

⑤

⑥

⑦

⑧

⑨

① 猪尾改刀斩成段；
② 姜改刀切成片，葱改刀切成段，干辣椒改刀切成段；
③ 青、红杭椒切段；
④ 冷水加葱、姜，下入猪尾，加黄酒焯水断生，捞起；
⑤ 加少许老抽搅拌均匀；
⑥ 锅中置油，将猪尾炸至表面酥黄捞出，板栗入油，炸至半熟捞出；
⑦ 起锅入油，将葱、姜、蒜、香料煸香，下入猪尾，加糖、蚝油、黄酒、老抽等调味；
⑧ 加水、盐焖烧猪尾至 8 成熟，放入板栗同烧至软烂；
⑨ 下入青、红杭椒烧断生，撒入葱段、淋明油，装盘即可。

注意事项

1. 把握好板栗投放的时机。
2. 把握好烧菜的原则：小火烧烂，大火收浓。

84. 农家土法烧麻鸭

操作视频

准备材料

主料： 麻鸭 1500 克
配料： 春笋 300 克、青杭椒 20 克、红杭椒 20 克、饺子皮若干张
辅料： 葱 5 克、姜 10 克、蒜 10 克、干辣椒 3 克、八角 3 克、桂皮 3 克、香叶 5 克
调料： 盐 6 克、糖 5 克、老抽 6 克、生抽 10 克、猪油 10 克、蚕豆辣酱 20 克、料酒 6 克、胡椒粉 10 克

制作步骤

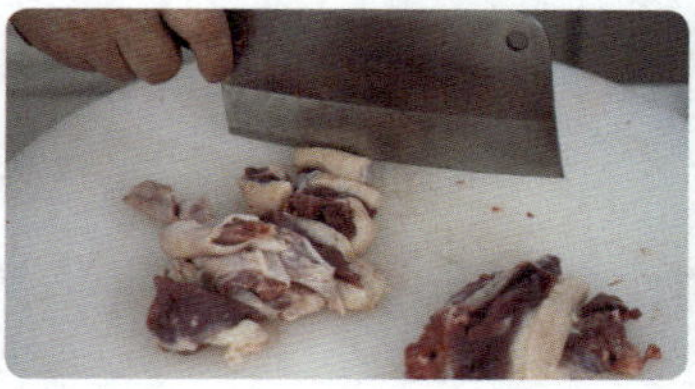
①

②

③

④

⑤

⑥

⑦

⑧

⑨

① 麻鸭改刀斩成 3 ~ 6 厘米的块；
② 春笋改刀斩成块；
③ 青、红杭椒改刀切成 1 厘米的段，干辣椒改刀切成 1 厘米的段；
④ 春笋焯水备用，鸭肉加料酒焯水备用；
⑤ 锅中置油，加猪油、姜、蒜、八角、桂皮、香叶、干辣椒，煸炒出香味，下入鸭肉，依次放入料酒、生抽、老抽、蚕豆辣酱、胡椒粉，翻炒均匀，加入糖、盐调味；
⑥ 放入春笋，加开水、葱节，焖烧 40 分钟至酥烂成熟收汁；
⑦ 将饺子皮煎至两面焦黄，取出围边；
⑧ 加入青、红杭椒略炒；
⑨ 装盘即可。

注意事项

1. 麻鸭去尽毛是关键，细毛过多会影响菜品质量。
2. 注意原料质地的判断和选择。

85. 风味臭干煲

操作视频

准备材料

主料： 臭干 300 克
配料： 猪肥瘦肉 200 克、冬笋 50 克、火腿 50 克
辅料： 干辣椒 3 克、蒜 5 克、葱 5 克、姜 3 克、红椒 10 克、青椒 10 克
调料： 盐 2 克、糖 5 克、淀粉 10 克、料酒 10 克、辣椒酱 15 克、老抽 5 克

制作步骤

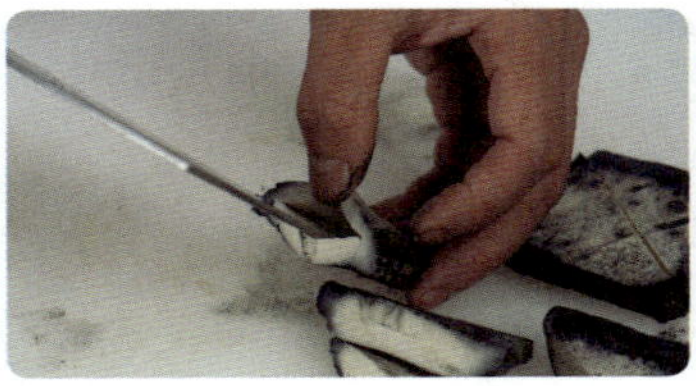
①

②

③

④

⑤

⑥

⑦

⑧

⑨

① 臭干改刀切成三角形，再从中间切口；
② 猪肥瘦肉去皮后斩肉末；
③ 冬笋改刀切成片，火腿改刀切成片，青红椒改刀切成菱形片，干辣椒改刀切成段，葱改刀切成末和段，姜改刀切成末和片，蒜改刀切成片；
④ 肉馅中放入葱、姜末，加料酒、盐搅拌，加水、淀粉搅拌；
⑤ 将调好味的肉馅酿入臭干里，蘸干淀粉封口；
⑥ 用热油炸酥臭干表面定型；
⑦ 冬笋焯水至断生放入煲底，臭干与青、红椒整齐摆入煲仔中；
⑧ 净锅入油，下葱、姜、蒜、干辣椒、辣椒酱煸香，放入火腿，加水，下糖、盐、老抽、料酒；
⑨ 将汤汁倒入煲中，上火烧沸，撒入葱段即可。

注意事项

1. 臭干改刀大小应均匀并开口一致，酿肉馅要用淀粉封口。
2. 炸臭干时油温不宜过高，臭干炸硬会导致口感不好。
3. 把握好煲菜的火候与时间。

86. 田螺烧柴鸡

皖西山区盛产芦花鸡，称为柴鸡之王。田螺烧柴鸡是一道美味的传统菜肴，以田螺和柴鸡为主要食材。田螺肉质鲜美，富含营养；柴鸡肉质细腻而筋道，香味浓郁。这道菜将田螺与柴鸡巧妙结合，经过烧煮，田螺的鲜味与柴鸡的香味相互渗透，汤汁浓郁，口感丰富，可口美味。

操作视频

准备材料

主料：芦花鸡 1200 克（1 只）
配料：大别山田螺 500 克、青杭椒 20 克、红杭椒 20 克
辅料：葱 5 克、姜 5 克、蒜 5 克、干辣椒 5 克、八角 3 克、桂皮 3 克、花椒 5 克
调料：盐 6 克、糖 5 克、料酒 6 克、老抽 5 克、蚕豆酱 10 克、猪油 10 克、火锅底料 10 克

制作步骤

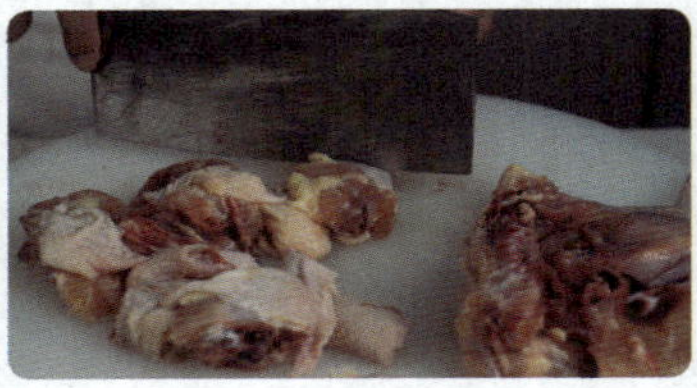
①

②

③

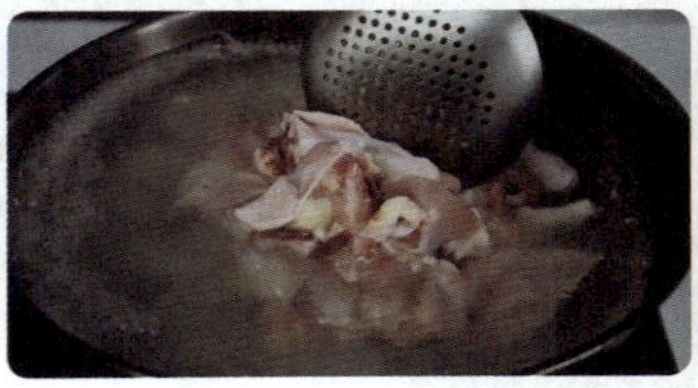
④

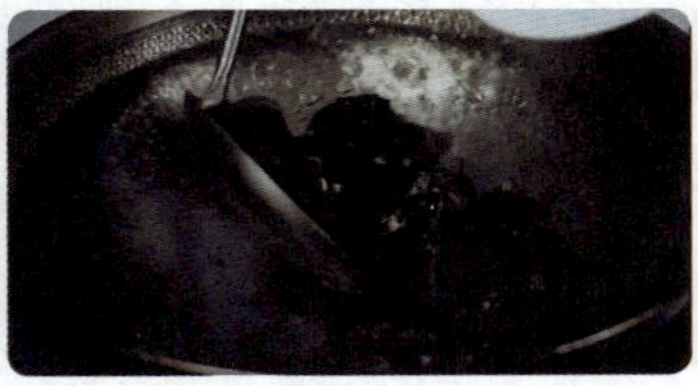
⑤

⑥

⑦

⑧

⑨

① 鸡改刀成块状；
② 田螺用刀背敲去尾部；
③ 姜改刀成片，青、红杭椒改刀成段，干辣椒改刀成段；
④ 锅中加水，加料酒烧开，下入鸡块焯水至断生，捞出过凉；
⑤ 锅中加水，加料酒烧开，下入田螺焯水至断生，捞出过凉；
⑥ 锅中置油，下入葱、姜、蒜、干辣椒、八角、桂皮、花椒，加火锅底料、蚕豆酱煸炒出香味；
⑦ 放入鸡块，加料酒、猪油、老抽翻炒；
⑧ 加盐、糖、开水，下入田螺烧至收汁装盘；
⑨ 撒上青、红杭椒即可。

注意事项

1. 注意原料质地的选择、老嫩程度。
2. 做好螺肉的前期处理，螺的泥沙要去尽。
3. 掌握两种食材受热烧制成熟的时间，注意口味的调制。

87. 豆腐果酿肉

豆腐果酿肉是皖南沿江地方传统的一道民间家常菜，用猪肉、虾仁制馅，将当地产的豆腐改刀成正方形块，经油炸成型后酿入馅心。历经数代徽州厨师研制，此道菜逐渐成为一道具有地方特色的名菜。

操作视频

准备材料

主料： 猪肉 300 克
配料： 豆腐果 100 克、西兰花 200 克、河虾虾仁 100 克
辅料： 葱 10 克、姜 10 克、蒜 10 克
调料： 盐 5 克、糖 5 克、老抽 6 克、料酒 20 克

制作步骤

①

②

③

④

⑤

⑥

⑦

⑧

⑨

① 肉切成片后加入虾仁剁成蓉，姜改刀切成末和菱形片，蒜改刀切成粒，葱改刀切成末；
② 豆腐果从一边切开口；
③ 西兰花改刀切成小块；
④ 肉末入碗，放入葱姜末、糖、盐、老抽、料酒调味，搅拌上劲；
⑤ 肉馅酿入豆腐果中，封好口；
⑥ 锅中置水，加入油，下入西兰花焯水至断生；
⑦ 锅中置油，烧至 5 成热时下入豆腐果，炸至金黄色；
⑧ 锅中置油，下入葱、姜、蒜煸炒出香味，加水，烹入盐、糖、老抽调味上色；
⑨ 大火煮开后下入豆腐果，小火收汁，勾芡装盘，撒入葱末即可。

注意事项

1. 豆腐果中酿入的肉馅不能太多。
2. 油炸豆腐果时掌握好油温，不宜过高或过低。
3. 焖烧过程中要时常晃动锅子以防止糊底。

88. 熘豆腐丸

操作视频

准备材料

主料：豆腐 500 克

配料：火腿 30 克、香菇 10 克、冬笋 30 克、肥膘肉 50 克、鸡蛋 50 克

辅料：葱 5 克、姜 5 克、蒜 5 克

调料：盐 6 克、糖 5 克、料酒 10 克、胡椒粉 3 克、番茄汁 10 克、淀粉 20 克

制作步骤

①

②

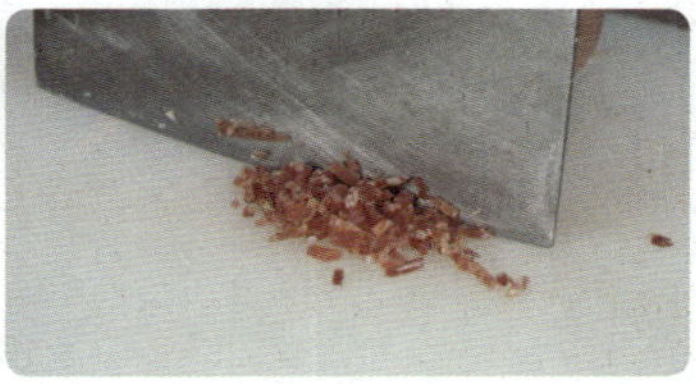

③

④

⑤

⑥

⑦

⑧

⑨

① 豆腐塌碎，制成茸状；
② 肥膘肉剁成肉末；
③ 香菇、冬笋、火腿切成末状；
④ 葱、姜、蒜改刀切成末；
⑤ 豆腐用纱布挤出水分，下入盐、冬笋、肉末、火腿、香菇、鸡蛋、胡椒粉、料酒搅拌均匀，制成约 3 厘米直径的丸状；
⑥ 油锅置宽油烧至 5 ～ 6 成热，投入豆腐丸，炸至表皮微黄起壳捞沥；
⑦ 锅中置油，放入姜、蒜、番茄汁、水、盐、糖、湿淀粉、明油，制成芡汁；
⑧ 放入豆腐丸，烧至芡汁稠浓时撒入葱花；
⑨ 装盘即可。

注意事项

1. 豆腐中的豆腥水要去尽，上劲要充分，否则容易散开。
2. 丸子大小要均匀一致。
3. 豆腐茸受热重新组合凝结成丸的每个环节都必须注意。

89. 荠菜豆腐圆子

荠菜豆腐圆子是安徽合肥市的传统风味小吃，每逢春节前后，当地人常食此菜。荠菜是一种营养丰富的蔬菜，富含蛋白质、钙、铁等多种营养成分。豆腐是一种优质的蛋白质来源，富含钙质。这道菜香气扑鼻，软糯可口。

操作视频

准备材料

主料：老豆腐 120 克
配料：荠菜 60 克、猪肥瘦肉 150 克
辅料：葱 10 克、姜 10 克
调料：盐 10 克、糖 10 克、胡椒粉 3 克、料酒 5 克

制作步骤

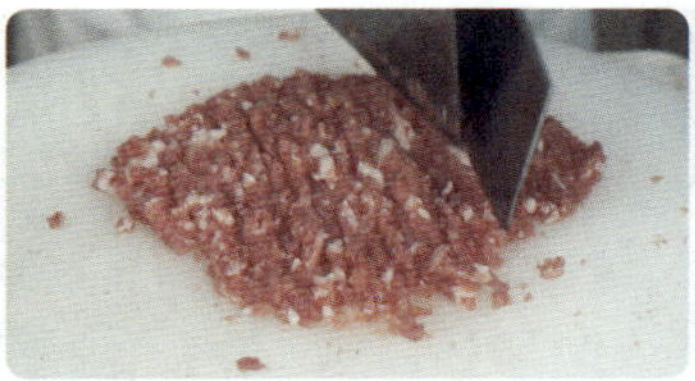
①

②

③

④

⑤

⑥

⑦

⑧

⑨

① 猪肥瘦肉去皮，改刀剁成肉末；
② 葱切末，姜切末；
③ 豆腐去皮，碾成泥；
④ 荠菜焯水后过凉，挤干水后去根，改刀切成末；
⑤ 肉末加姜、葱、料酒、胡椒粉、盐、糖搅拌；
⑥ 加入豆腐泥、荠菜；
⑦ 搅拌均匀；
⑧ 锅中烧水，将馅料做成丸子，汆入水中煮熟，加盐、明油调味；
⑨ 盛装即可。

注意事项

1. 选料要优质新鲜。
2. 把控好味型。

90. 瓦埠湖杂鱼锅

有着千余年历史的瓦埠湖，位于淮河南岸，是安徽省五大淡水湖之一。古来即是沿淮重要的商贸河埠，有“金瓦埠”之称。今日虽商埠风光不再，但湖光秀色依然美丽。瓦埠湖杂鱼锅如它的名字一样，是由很多小鱼放在一起制作的美味佳肴，这道菜具有典型的徽菜味道，最大的特色在于它的做法，重油、重色、重味等特点体现得淋漓尽致。

操作视频

准备材料

主料：白丝鱼 250 克、鲫鱼 250 克、汪丫鱼 250 克、白米虾 100 克
配料：香菜 30 克
辅料：葱 10 克、姜 10 克、蒜 10 克、八角 3 克、干辣椒 3 克、花椒 3 克
调料：黄豆酱 20 克、盐 10 克、老抽 6 克、料酒 10 克、菜籽油 100 克、糖 5 克、胡椒粉 3 克

制作步骤

①

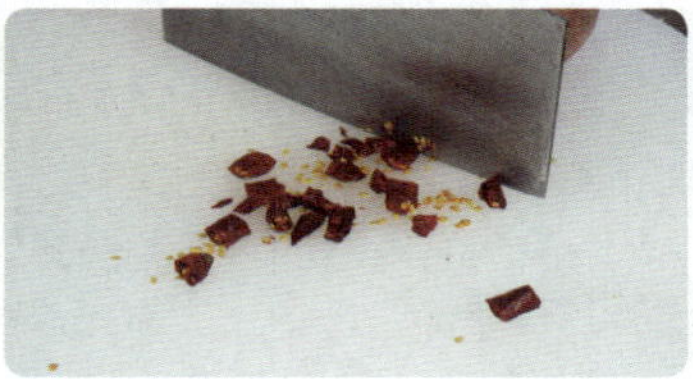
②

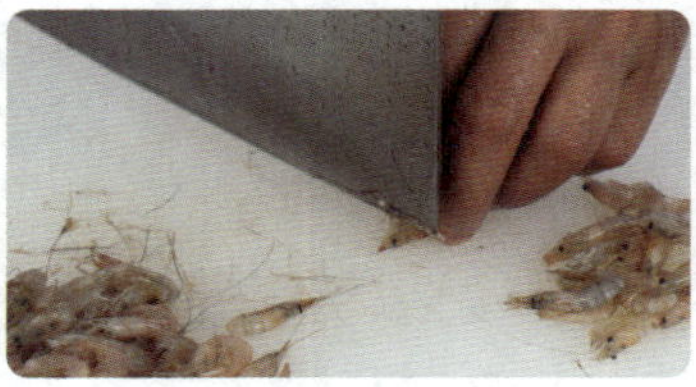
③

④

⑤

⑥

⑦

⑧

⑨

① 白丝鱼、鲫鱼、汪丫鱼剞一字花刀；
② 香菜改刀切成段，葱改刀切成段，姜改刀切成片，干辣椒改刀切成段；
③ 白米虾去须；
④ 锅中置菜籽油，加盐，烧至 6 ～ 7 成热，下入杂鱼块，煎炸至鱼皮收紧、微酥黄；
⑤ 下入黄豆酱、葱、姜、蒜、干辣椒、八角、花椒，烹入老抽、料酒；
⑥ 加开水，放入盐、糖、胡椒粉调味，大火烧开后转小火烧 10 分钟；
⑦ 将白米虾放入锅中，烧 3 分钟左右；
⑧ 撒入葱段、香菜烧 2 分钟；
⑨ 装入双耳锅中，加香菜即可。

注意事项

1. 选用新鲜野生杂鱼，去除内脏并洗净。
2. 煎炸时要避免杂鱼碎烂，掌握火候大小，调味比例合理。
3. 食材要新鲜。瓦埠湖的环境干净，所以这里的鱼非常新鲜。杂鱼锅的食材包括鱼头、鱼骨、鱼片、鱼烩等，每一种都要精选。

91. 茶香脆皮银鱼

操作视频

准备材料

主料：巢湖大银鱼 300 克
配料：毛峰茶 50 克
辅料：面粉 50 克、淀粉 40 克、吉士粉 20 克、泡打粉 10 克、绿茶粉 3 克、葱 5 克、姜 5 克
调料：盐 5 克、胡椒粉 2 克、料酒 5 克、茶盐 10 克、椒盐 10 克

制作步骤

①

②

③

④

⑤

⑥

⑦

⑧

⑨

① 黄山毛峰茶用 80℃热水冲泡 3 ～ 5 分钟，取出茶叶沥干；
② 姜改刀成 4 ～ 6 厘米长的细丝，葱改刀成 6 ～ 8 厘米长的段；
③ 银鱼加葱段、姜丝、料酒、盐、胡椒粉调味；
④ 毛峰茶撒少许淀粉拌匀；
⑤ 将毛峰茶放入 5 ～ 6 成热的油中，炸至酥脆捞出；
⑥ 在面粉、干淀粉、吉士粉、泡打粉、绿茶粉中加入凉茶水、花生油，调成“脆皮糊”；
⑦ 银鱼拍少许干淀粉，再挂上一层“脆皮糊”；
⑧ 放入 5 ～ 6 成热的油中，炸至浅绿色捞出；
⑨ 将炸好的毛峰绿茶酥、银鱼入锅，撒入椒盐翻炒后装盘即可。

注意事项

1. 银鱼要新鲜、稍大一些。
2. 注意脆皮糊的调制浓度。
3. 挂糊要薄一点。
4. 注意油温的控制。

92. 寸金肉

寸金肉是一道由合肥四大名点演变而成的菜肴，菜品色泽金黄，味道香酥可口。此菜做法相对复杂，食材一般选用新鲜猪里脊肉为外皮，火腿切末为馅心，最后裹上芝麻，油炸而成，形似寸金糖，因此得名“寸金肉”。吃上一口满嘴留香，是老少皆宜的菜品。

操作视频

准备材料

主料：猪里脊肉 400 克
配料：芝麻 150 克、火腿 80 克、鸡蛋 60 克
辅料：葱 8 克、姜 5 克
调料：盐 3 克、料酒 6 克、淀粉 15 克

制作步骤

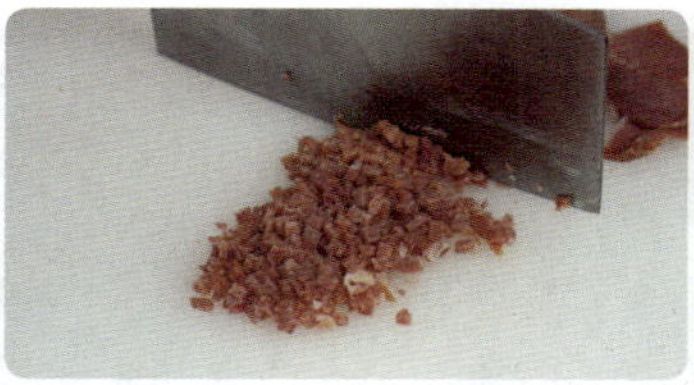
①

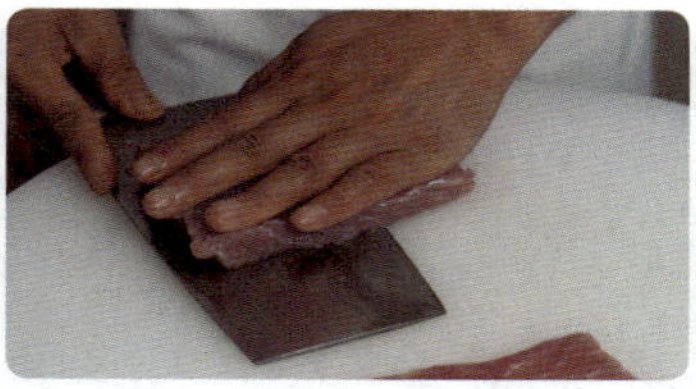
②

③

④

⑤

⑥

⑦

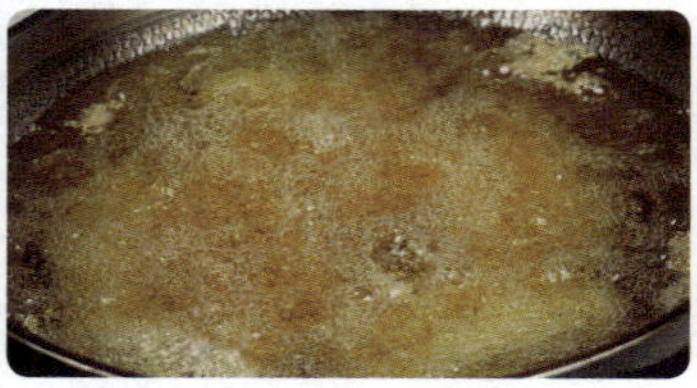
⑧

⑨

① 火腿放入凉水中浸泡 10 分钟，上笼蒸 10 分钟，切小粒；
② 猪里脊肉改刀成片状，葱切末和段，姜切片；
③ 里脊肉片加入盐、料酒、葱、姜、水腌制搅拌，挑去葱、姜，加淀粉上浆；
④ 鸡蛋磕入碗中，搅散；
⑤ 火腿粒加葱花、全蛋液、料酒、淀粉，搅拌成馅；
⑥ 肉片包火腿馅料制成卷状；
⑦ 蘸上蛋液，裹上芝麻；
⑧ 锅中置油，炸至金黄酥脆；
⑨ 改刀成段装盘。

注意事项

1. 要选用新鲜猪里脊肉，切薄。
2. 腌制调味合理。
3. 油温控制在 3 ～ 4 成热。
4. 切肉时可先将肉蘸一下凉水，这样切更省力。

93. 什锦虾球

什锦虾球又名“虾包”，是合肥名菜。1974 年安徽省特一级厨师梅正荣同志在人民大会堂工作期间，多次为宴会制作此菜。菜品的特点是以虾肉泥为外皮，包以什锦馅心炸制，工艺精细，制作难度较大，成品色泽淡黄，球体均匀一致，外酥里嫩，干贝、鸡肉等制成的馅心略带卤汁，鲜味浓郁。

准备材料

主料：基围虾 300 克
配料：五花肉 50 克、鱼肉 100 克、鸡脯肉 30 克
辅料：葱 10 克、姜 10 克、鸡蛋 160 克、面包糠 150 克、香菇 15 克、火腿 15 克、干贝 20 克
调料：盐 6 克、料酒 10 克、生粉 10 克

制作步骤

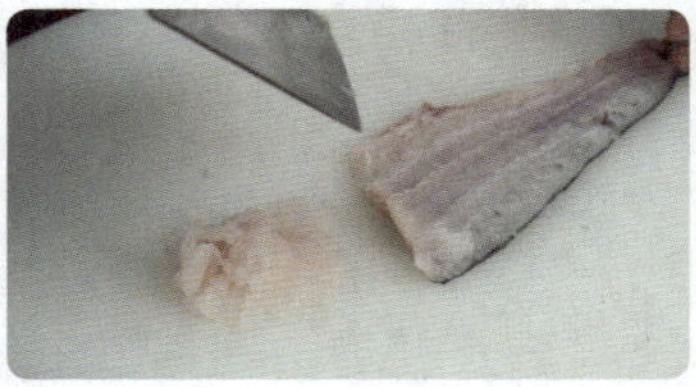
①
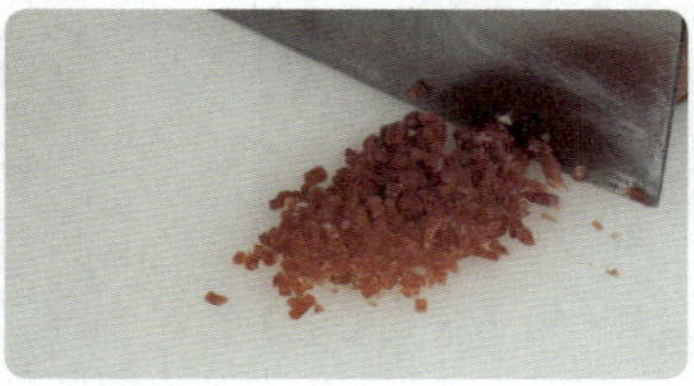
②

③

④

⑤
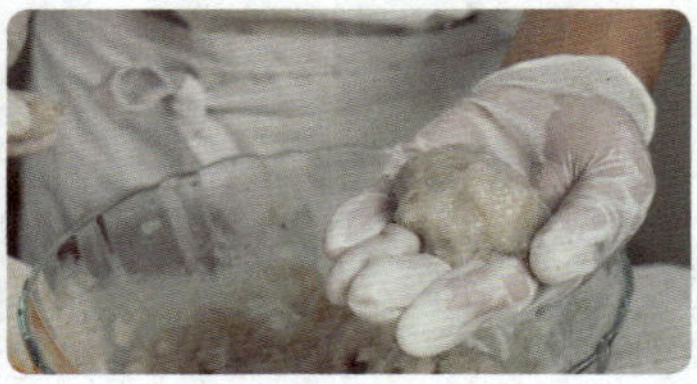
⑥

⑦

⑧

⑨

① 基围虾去虾壳、虾线后剁成茸，鱼刮取鱼肉斩成茸；
② 鸡脯肉改刀切细粒，五花肉改刀切细粒，干贝焯水后搓丝，火腿改刀切细粒，香菇改刀切细粒；
③ 葱、姜泡水，加入料酒浸泡 5 分钟；
④ 虾鱼肉茸加入葱姜水、盐、生粉调味上劲，鸡蛋打散成蛋液；
⑤ 锅入底油，煸香五花肉、鸡脯肉、火腿、干贝、香菇，放入料酒，勾芡成馅；
⑥ 虾鱼肉茸放掌心推开，包馅，制成丸子状；
⑦ 拖全蛋液，滚上面包糠；
⑧ 锅入油，烧至 4 ～ 5 成热，下入虾球，炸至断生；
⑨ 用 6 成热油复炸，捞出沥油后装盘。

注意事项

1. 选用新鲜虾，火腿偏咸，需泡去部分咸味。
2. 调馅口味合理，虾球大小一致。
3. 炸制时掌握火候，注意虾球的成熟度。

94. 徽州酱排

徽州酱排是安徽省徽州地区的特色美食，起源于明朝。它是徽州地区的一道传统名菜，也是徽州美食的代表之一。它的味道独特，口感鲜美，成菜色泽酱红，肉质酥烂，肥而不腻，充分体现了传统徽菜重油、重色、重火候的烹饪特点。

操作视频

准备材料

主料： 肋排 1500 克

辅料： 葱 5 克、姜 5 克、香叶 2 克、八角 2 克、桂皮 2 克

调料： 盐 3 克、糖 20 克、料酒 5 克、老抽 3 克、排骨酱 15 克、淀粉 5 克

制作步骤

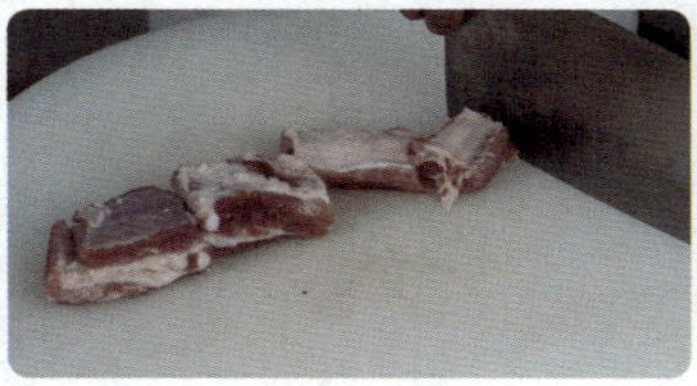

①

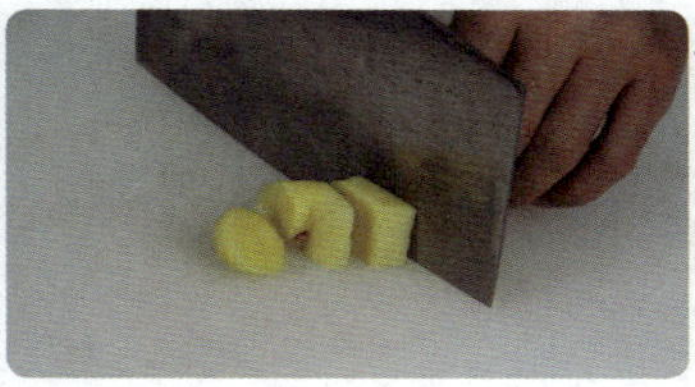

②

③

④

⑤

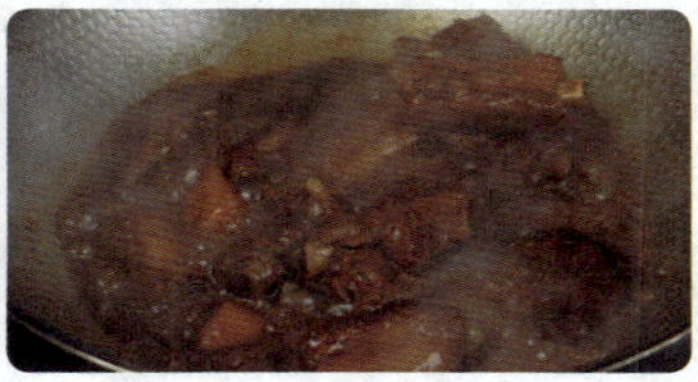

⑥

① 肋排改刀切成大段；

② 姜改刀切成大块，葱打成结；

③ 水中加入料酒，下入肋排焯至断生；

④ 锅中置油，下入姜、葱、八角、桂皮、香叶，煸炒出香味；

⑤ 下入肋排，烹入料酒、老抽、排骨酱，上色调味；

⑥ 加开水烧开，加入盐、糖烧至收浓汤汁，拣去小料，用湿淀粉勾芡，淋明油后装盘即可。

注意事项

1. 选择优质肋排。
2. 改刀要均匀。
3. 调味要准确，芡汁不可过浓。

95. 蒜烧鮰鱼

长江鮰鱼是著名的江鲜之一，因脂鳍肥厚，非常适合焖烧。此菜配以蒜瓣、大油、蚕豆酱合烧，透味嫩滑、鲜香味美，充分体现徽菜浓油赤酱、酥烂透味的焖烧绝活。鮰鱼肉质鲜嫩，无刺少骨，富含蛋白质、不饱和脂肪酸等营养成分。

操作视频

准备材料

主料：长江鮰鱼 1500 克
配料：猪五花肉 100 克、青杭椒 20 克、红杭椒 20 克
辅料：葱 10 克、姜 6 克、蒜 10 克
调料：盐 5 克、糖 3 克、料酒 6 克、老抽 10 克、生抽 10 克、蚕豆酱 10 克、陈醋 3 克、淀粉 20 克

制作步骤

①

②

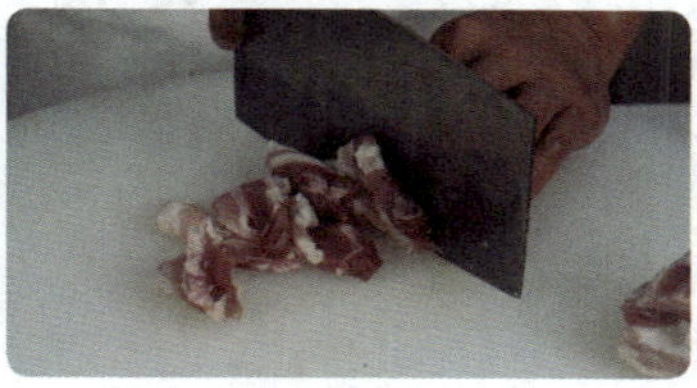
③

④

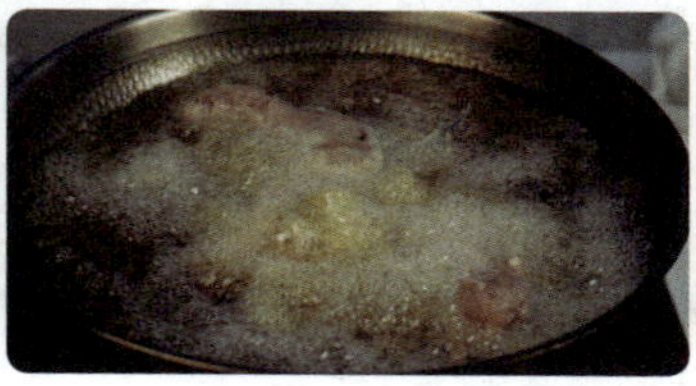
⑤

⑥

⑦

⑧

⑨

① 鱼改刀切成大块；
② 青、红杭椒改刀切成粒；
③ 五花肉改刀切成片；
④ 鱼块加姜、葱、料酒、盐，腌制 10 分钟；
⑤ 腌制好的鱼块裹上淀粉，入油锅中炸至表面结块捞出；
⑥ 锅中置油，下入五花肉片，煸至出油，下入蒜、姜、葱炸香，烹入料酒、蚕豆酱、老抽、生抽、陈醋，翻炒上色；
⑦ 加水、盐、糖调味，放入鱼块焖烧 20 分钟入味，捞起鱼块盛于盘中；
⑧ 原汤中加入湿淀粉勾芡；
⑨ 将芡汁浇于鱼块上，撒上青、红杭椒即可。

注意事项

1. 鱼要新鲜，码味足时。
2. 拍粉要少，油温要高。
3. 烧制时要注意技巧，防止鱼块破碎。
4. 要控制好炸鱼的油温与火候。

96. 王府老豆腐

王府老豆腐口感细腻，鲜嫩可口，入口即化。它采用优质的黄豆为原料，经过精心筛选和处理，再加入传统的制作工艺，烹制而成。

操作视频

准备材料

主料：泡发黄豆 1500 克
配料：纯净水 1000 克、葡萄糖内酯 5 克
辅料：小米辣 20 克、葱 10 克、姜 10 克、蒜 10 克
调料：盐 10 克、糖 10 克、生抽 10 克、陈醋 10 克、红辣油 10 克、麻油 10 克

制作步骤

①

②

③

④

⑤

⑥

⑦

⑧

⑨

① 姜改刀切成末；
② 蒜改刀切成末；
③ 葱改刀切成末；
④ 小米辣改刀切成粒；
⑤ 鲜辣味：取小米辣入碗，加入蒜、姜、葱、糖、陈醋、生抽、盐，调拌均匀，加入麻油、红辣油即可；
⑥ 蒜香味：取蒜泥入碗，加入葱、盐、糖、陈醋、生抽，调拌均匀，加入麻油即可；
⑦ 黄豆放入破壁机中，加入水搅打成豆浆，用纱布过滤掉豆渣，将豆浆煮开，撇去浮沫，在盛器中放入葡萄糖内酯，倒入豆浆，静置 10 分钟；
⑧ 将豆腐用纱布包裹，倒入模具，挤压 30 分钟；
⑨ 盛装后随味碟上菜。

注意事项

1. 葡萄糖内酯和豆浆的配比要适当。
2. 味汁的调制要突出特点。
3. 豆腐压制的力度要掌握好。

97. 鮰鱼焖锅

鮰鱼是芜湖地标性水产之一，也是长江水域比较有特色的一种鱼类，被誉为淡水食用鱼中的上品。鮰鱼含有丰富的蛋白质、不饱和脂肪酸、多种维生素和钙、铁等营养元素，而且肉质细嫩鲜美，易被人体消化吸收。鮰鱼焖锅是一道以鮰鱼为主料，搭配蔬菜如黄瓜、胡萝卜、莴苣等，通过焖煮方式烹饪而成的家常菜肴，其口感鲜嫩，汤汁浓郁，香气扑鼻，营养丰富。

操作视频

准备材料

主料：鲴鱼 500 克
配料：西芹 50 克、土豆 50 克、洋葱 50 克、胡萝卜 50 克、莴笋 50 克、香菜 20 克、藕 50 克
辅料：蒜 25 克、京葱 10 克、姜 10 克、干辣椒 10 克
调料：盐 10 克、糖 10 克、淀粉 10 克、料酒 10 克、蚝油 10 克、胡椒粉 10 克

制作步骤

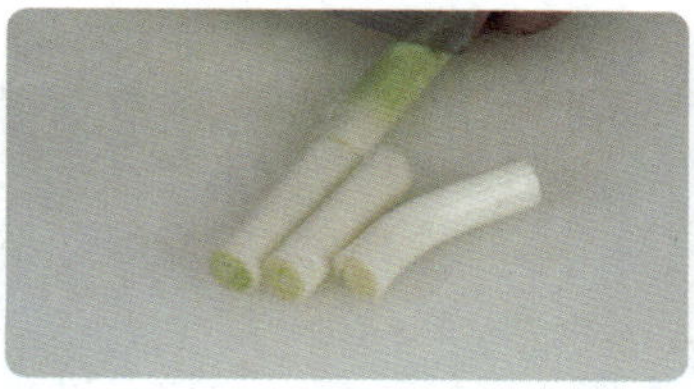
①

②

③

④

⑤

⑥

⑦

⑧

⑨

① 京葱改刀切段，姜改刀切粒；
② 土豆改刀切片，藕改刀切片，洋葱改刀切丝，莴笋改刀切片；
③ 西芹改刀切段，胡萝卜改刀切片，香菜改刀切段，干辣椒改刀切段；
④ 鲴鱼改刀切厚片；
⑤ 鲴鱼放入盐、糖、胡椒粉、料酒、蚝油，码味 15 分钟，淀粉上浆、搅拌待用；
⑥ 锅中入油，将洋葱炒香；
⑦ 锅中置油，放入蒜炸黄炸香，土豆、胡萝卜、藕、莴笋过油断生；
⑧ 锅中置油，下入姜、京葱、干辣椒煸香，下入蒜、洋葱、土豆、胡萝卜、藕、莴笋；
⑨ 将鲴鱼块码在上层，浇入焖烧汁；从锅边浇入水，烧开后加盖转小火焖烧 5 ～ 8 分钟，撒入香菜即可。

注意事项

1. 鲴鱼改刀切片，大小要均匀。
2. 注意焖烧汁的调制配比。
3. 把控焖烧时间和火候。

98. 砂锅焗鱼嘴

鳙鱼是一种大型的淡水鱼，不仅美味，而且营养丰富。它的身体呈椭圆形，头部和身体前部比较小，后部比较大，尾巴很短。鳙鱼含有大量的蛋白质和钙质等营养物质。砂锅焗鱼嘴是一道色、香、味俱佳的传统菜肴，选用新鲜的鳙鱼嘴，配以姜、蒜、辣椒等，在砂锅中慢火焗制而成。这道菜鱼肉鲜嫩，汤汁浓郁，香气扑鼻。其独特的烹饪方式，使鱼嘴中的营养成分得到了更好的保留，深受食客喜爱。

操作视频

准备材料

主料： 鳙鱼头 1000 克
配料： 京葱 50 克、洋葱 50 克
辅料： 葱 50 克、姜 50 克、蒜 50 克
调料： 盐 3 克、糖 5 克、料酒 2 克、蚕豆酱 10 克、生粉 10 克、胡椒粉 10 克

制作步骤

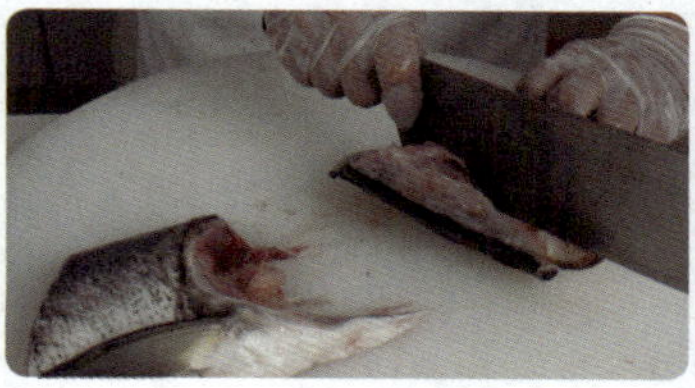
①

②

③

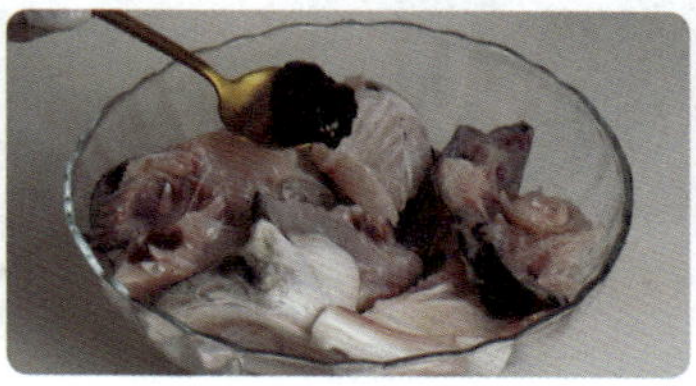
④

⑤

⑥

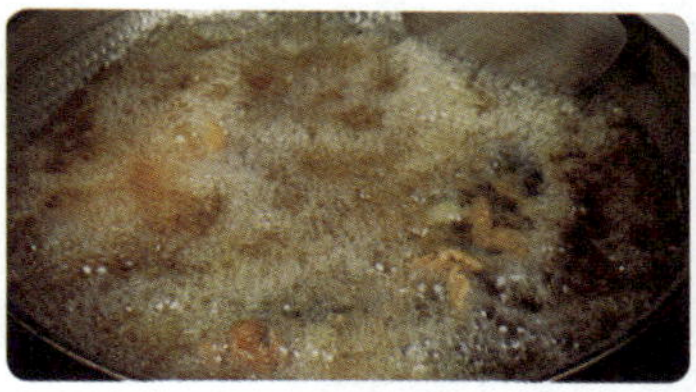
⑦

⑧

⑨

① 将鳙鱼头剖成两半，剔除牙齿，刮去黑膜，改刀切成块状；
② 京葱改刀切段，洋葱改刀切段，姜改刀切片；
③ 鱼头放入蚕豆酱、盐、糖、料酒，抓拌均匀；
④ 加入胡椒粉、姜、葱，腌制 30 分钟；
⑤ 拣去葱、姜后下入生粉搅拌上浆；
⑥ 砂锅底部垫入蒜、洋葱、京葱备用；
⑦ 将腌制好的鱼头放入油锅中，炸至表面金黄；
⑧ 将炸好的鱼头放入砂锅中，从侧面浇入油，焗制 15 分钟；
⑨ 盛装即可。

注意事项

1. 鱼要去除鳃和牙齿、黑膜。
2. 调味要适当。
3. 成熟度要掌握好。

99. 梦都豆腐羹

操作视频

准备材料

主料：嫩豆腐 200 克
配料：黄山火腿 15 克、鸡胸肉 15 克
辅料：老母鸡汤 600 克
调料：盐 6 克、鸡粉 8 克、鸡油 10 克

制作步骤

①

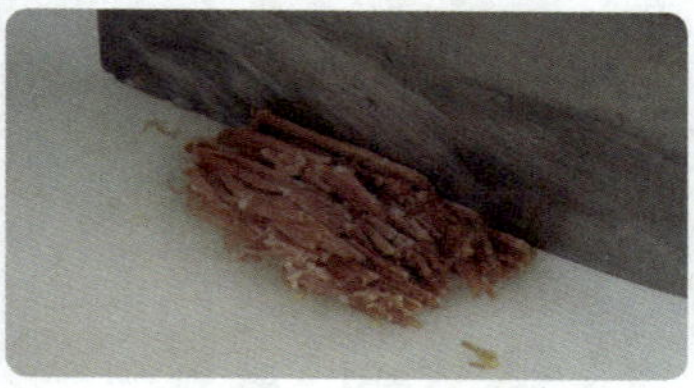

②

③

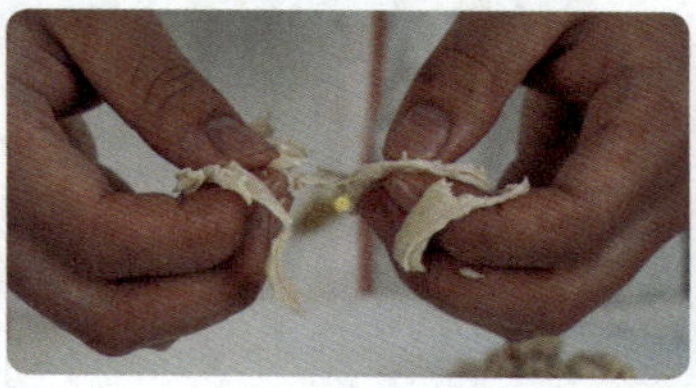

④

⑤

⑥

① 嫩豆腐改刀切成 1 毫米的细丝；
② 黄山火腿改刀切成细丝；
③ 鸡肉下入开水中断生；
④ 待鸡肉冷却后撕成细丝；
⑤ 锅中下入老母鸡汤，加盐、鸡粉、鸡油；
⑥ 下入鸡肉丝烧开，下入嫩豆腐丝，用勺背摇匀，装盘后点缀火腿丝即可。

注意事项

1. 要选用新鲜的嫩豆腐。
2. 老母鸡要选择一年以上的。
3. 勾芡汁的薄厚度要掌握好。
4. 嫩豆腐要切细丝。

100. 风味羊腿

操作视频

准备材料

主料： 羊腿 2000 克

配料： 洋葱 30 克、芹菜 20 克、胡萝卜 150 克

辅料： 栀子 5 克、肉蔻 5 克、山奈 5 克、草蔻 5 克、花椒 5 克、香叶 5 克、甘草 5 克、草果 5 克、千里香 5 克、荜茇 5 克、豆蔻 5 克、良姜 5 克、小茴香 5 克、白芷 5 克、丁香 5 克、干辣椒 5 克、八角 5 克、桂皮 5 克、葱 5 克、姜 5 克、蒜 5 克、京葱 5 克、红曲米 5 克

调料： 孜然粉 25 克、盐 10 克、糖 5 克、料酒 20 克、生抽 10 克、老抽 10 克、胡椒粉 10 克、鲜辣粉 10 克、蚕豆酱 10 克、椒盐粉 10 克、淀粉 20 克

制作步骤

①

②

③

④

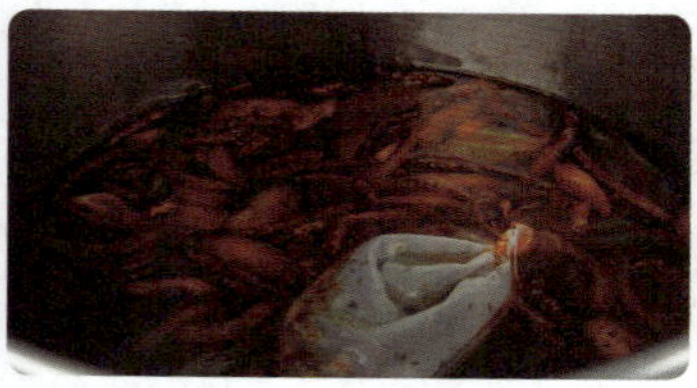
⑤

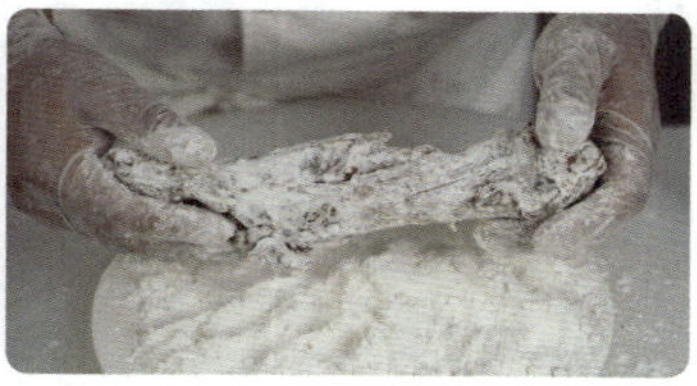
⑥

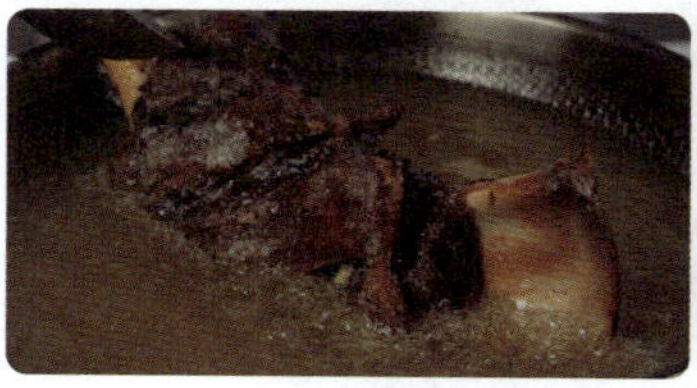
⑦

⑧

⑨

① 芹菜切成段，胡萝卜、洋葱切成粒，姜切片，蒜切末，京葱切段，葱打结；

② 香料装入料包，用水浸泡；

③ 羊腿加入配料、盐、料酒、糖、生抽、孜然粉、八角、桂皮、千里香腌制，改刀后焯水；

④ 锅中置油，下入姜、京葱、洋葱、蚕豆酱、干辣椒炒香；

⑤ 料汤入卤锅中，下入卤料包、红曲米、盐、胡椒粉、糖、老抽、生抽，放入羊腿卤制 1 小时；

⑥ 捞出羊腿，拍少许淀粉；

⑦ 将羊腿放入油中炸至表面酥脆，捞出后改刀切成小块；

⑧ 锅中置油，下入洋葱、蒜、芹菜、胡萝卜、蚕豆酱炒香，下入椒盐粉、鲜辣粉、孜然粉，下入羊腿翻炒均匀；

⑨ 装盘即可。

注意事项

1. 选择羊腿要注意品质。

2. 腌制羊腿时要把控好香料的投放和腌制时间、卤汤的调配。